Simple
Western Cuisine

学做西式简餐

周景尧 著

中国轻工业出版社

图书在版编目（CIP）数据

学做西式简餐 / 周景尧著. —北京：中国轻工业出版
社，2018.7
ISBN 978-7-5184-1840-4

Ⅰ．① 学… Ⅱ.① 周… Ⅲ.① 西餐—烹饪
Ⅳ.① TS972.118

中国版本图书馆CIP数据核字（2018）第016587号

责任编辑：马　妍　　王艳丽
策划编辑：马　妍　　　　责任终审：劳国强　　　封面设计：奇文云海
版式设计：锋尚设计　　　责任校对：晋　洁　　　责任监印：张　可

出版发行：中国轻工业出版社（北京东长安街6号，邮编：100740）
印　　刷：北京富诚彩色印刷有限公司
经　　销：各地新华书店
版　　次：2018年7月第1版第1次印刷
开　　本：787×1092　1/16　　印张：9
字　　数：100千字
书　　号：ISBN 978-7-5184-1840-4　　定价：68.00 元
邮购电话：010-65241695
发行电话：010-85119835　传真：85113293
网　　址：http://www.chlip.com.cn
Email：club@chlip.com.cn
如发现图书残缺请与我社邮购联系调换
151545S1X101ZYW

作者序

中国人对饮食的传统观念向来是"民以食为天"，又说到开门七件事：柴、米、油、盐、酱、醋、茶，都跟吃有关。而西方世界的饮食文化，与华人相较，也不惶多让，更加说明了人类的进化与延续生命的过程中都离不开"吃"，而且这是一个放之四海而皆准的道理。

中西方饮食文化最大的差异在于，烹调的技巧、食材的选用、辛香料的调味和厨具器皿的使用等。西方饮食往往由于制作烦琐，食材特殊不易取得等原因，在国人的饮食习惯中较不易受到青睐。但是在凡事讲求效率的信息化时代，人们追求新、速、实、简，因此西方速食文化逐渐进入国人的饮食之中，进而也将西方餐饮带入国人的日常生活之中。

大家或许会认为西餐华而不实，为了推翻上述偏颇的论调，笔者针对国人的饮食习惯，加上本身对于厨艺的喜爱与修习西式厨艺的经验，将自身所学融会贯通，希望将西式餐饮带入国人的生活之中，让大家了解西餐其实高贵而不贵，兼具美味及营养，并且可以全家DIY，在此与广大的读者分享。

推荐序

中国人会做中国菜是本能，但会做西餐就得花上三年四个月才能出师。学西餐真的是那么难吗？在Andy老师的指导下"绝不难"，而我就是一个活生生的例子。

不敢欺瞒大众，平常要我讲授中餐、烘焙等课程，那是易如反掌，但要我做西餐，就真的有点尴尬了。记得两年前，在好友戴淑贞老师的引荐下，须至台南女子技术学院家政系教授西餐实习的课程。虽然我能以中餐的教学能力当底子，但是中、西餐南辕北辙，并不是我们用中餐烹调的观念就能应付的。因此，为了不使学生对我的教学感到失望，遂鼓起勇气去请教Andy老师。果真不出我所料，在他热情、专业、准确的口述指导后，便使我轻易地踏上了西餐教学的路程。

学问需要延绵，技能更需要传承，有如此好手艺、好方法的西餐老师，不叫他教出点技巧怎么可以？很高兴在三艺文化事业有限公司薛先生的邀约下，Andy老师终于出书了。更兴奋的是，我能为这本书写了推荐序。

Andy老师以15年主厨及教学经验，将所设计好的菜单，搭配简单的材料与详细的制作方法写出来，能让读者一目了然，轻松完成一套套色香味俱全的菜肴，所以除了研读之外，别忘了，还要享受DIY的乐趣喔！

卢志芬

从（台湾）育达高中餐饮管理科创科至今，深深感动于Andy老师教学待人的热忱。常常能在闲聊中，激发教学创意，真正落实快乐学习的目标。

Andy老师所著本书，通过系统教学，深入浅出的讲解，使热爱西餐料理的读者通过专业的食谱，了解及学习色、香、味烹调技艺的核心。书上精美的排盘，餐具的选择应用，使读者能学习形、器、美的概念。这是一本好书，极力推荐给您！

（台湾）育达高中餐饮管理科　科主任

林吉利

老子道德经：第六十章【原文】治大国，若烹小鲜。

"以道莅天下，……治大国，若烹小鲜。"通常都认为这句话的言下之意是"不要随便翻弄"。这是始于韩非的解释。因为"君无为而法无不为；法行而君不必忧，臣不必劳，民但而守法，上下无为而天下治。"和老子"无为而治"的政治理念是很相似的。

Andy师傅用柠檬鲑鱼卷与奶油芥末酱这一道菜，把"烹小鲜（鱼）"的哲学表现得淋漓尽致。三道火候：一煮、二煎、三烤；各有不同的工具、火力、时间与技巧，经历三道严谨的工序处理之后，鱼卷体型完整、色泽油润、肉质挺实。酱汁的调理更是登峰造极，巧妙地运用柳橙与柠檬皮末的苦涩，衬托出芥末籽酱的辛味，呼应着远方番茄的酸甜；加热浓缩的鲜奶油与白酒，散发着浓郁的香气，如同母亲的慈爱，温馨包容着所有的辛、酸、苦，鲑鱼卷就像那浮云游子，历尽沧桑之后而重返母亲怀抱。这只是Andy所著这本书所介绍的母亲节套餐系列其中之一，其余的等有机会品尝以后再介绍，或者自己买一本回家体验一下吧！

（台湾）经国管理暨健康学院 董事长

我吃到Andy师傅亲手做的菜，不是在餐厅，也不是在学校，而是在摄影棚，录制我所制作的科普节目"ㄐㄧㄤˋ吃就对了！"。每一次每一集Andy师傅在现场展现他的厨艺时，仅是用眼睛看、耳朵听，就能感受到他烹煮出来的香味和美味，更别说实际品尝时，那真是全身上下的能量都被启动了！真的，一点也不夸张，他的厨艺作品正如他本人一样，充满活力！

"好吃的食物都不营养，营养的食物都不好吃"？我知道央求一位忠于美味的主厨去替营养饮食背书，是一件很为难的事，但这正是"ㄐㄧㄤˋ吃就对了！"想要扭转的方向。起初我找Andy师傅一起参与节目制作，是看中他跨足餐饮界和学术界，应该能够融合健康的概念，在美味与营养之间拿捏得宜；果不其然，一开始录制前几集的时候，他所开出的食谱受到来自于营养学界的挑战，感到相当不适应！但后来为了配合少油、少盐、少糖的节目宗旨，他开始调整食谱的配比。26集节目录下来，与其说他料理的方式改变了，不如说他的厨艺精益求精，做出来的每道菜，力求让人吃得心旷神怡！

以Andy师傅对烹调技术的要求和态度，我相信他这本书一定能够带给你层次丰富的经历，让你随时都能闻得到美味，享受得到健康！

科普影片制作人

CONTENTS 目录

※本书的菜式均为四人份

常用香料和调味料

/ 辣椒 /
CHILI PEPPER, CAYENNE PEPPER

辛辣香料，干制后磨成粉状，适用于墨西哥、东南亚、泰国、马来西亚等地区较辛辣的料理。著名的辣椒水Tabasco就是用墨西哥的辣椒制造的。

/ 香草 /
VANILLA

形如豆荚的果实，于未成熟时采收，主要用于甜点。除有天然原状香草外，还有磨成粉或制成香精的，也有合成香草精（较便宜）的，但以天然者为佳。

/ 月桂叶 /
BAY LEAF

主要作用为增加液体烹调的风味，适用于汤、酱汁，烩煮类或水煮类。多使用干燥叶。

/ 豆蔻及豆蔻皮 /
NUTMEG AND MACE

为桃状果实的种子，去皮称豆蔻，豆蔻和豆蔻皮味道相近，适用于洋芋泥、菠菜等蔬菜类及烩菜类。

/ 虾夷葱 /
CHIVE

属葱类植物，为绿色，呈细长叶子状，有着色作用，也有葱的香味。适合装饰汤和沙拉，若买不到，也可用青葱绿色的部分代替。

/ 薄荷叶 /
MINT

味清凉，适合与水果、沙拉、甜点搭配，也可装饰用。

/ 百里香 /
THYME

具有浓烈辛辣的风味，可去除异味，适合肉类（尤其是家禽）、海鲜、酱汁类食物。

/ 匈牙利红椒粉 /
PAPRIKA

大部分产品没有辣味，具香甜味，颜色为桃红色，可用于着色装饰。原产地为匈牙利，适用于匈牙利烩肉（Goulash）、饭类及烩菜类。

/ 红酒醋 /
RED WINE VINEGAR

为红酒发酵酿造而成，也有白酒醋。适用于酱汁、沙拉酱的调味，也适合加入新鲜香料腌制成香料酒醋。

/ 黑橄榄 /
BLACK OLIVE

用橄榄树的熟果实腌制而成；未成熟则为绿色。适用于沙拉、酱汁等作为配菜。

/ 丁香 /
CLOVES

可增加火腿或猪肉的风味。可以和月桂叶一起用于水煮类菜肴，也可以制成用于烘焙的粉状物。

/ 鼠尾草 /
SAGE

作为香肠肉馅、家禽类、鱼或猪肉类的填塞馅，可去除异味，增加香味。

/ 茵陈蒿 /
Tarragon

为法国人的最爱，可去除鱼、肉类的异味。常渍于醋中，称茵陈蒿醋，适用于贝尔纳斯酱汁（Bearnaise Sauce），可与牛排、蛋类搭配。

/ 酸豆 /
Caper

为续随子树的花蕾，一般皆浸渍于醋中，可增加沙拉酱的风味，多用作海鲜的配料及熏鲑鱼佐料。

/ 罗勒 /
Basil

适用于汤、披萨酱汁、意大利面等，是意大利人最爱的香料。常与番茄料理一起搭配或做成青酱（Pesto），可搭配海鲜类、面类（Pasta）、肉类等。

/ 迷迭香 /
Rosemary

适用于烩煮类、炉烤类，其特殊香味可掩盖肉的异味，可渍于橄榄油中来腌渍羊排、鱼排等。

/ 香菜 /
Coriander, Chinese Parsley

具有特殊辛烈风味，适合墨西哥、意大利和中国菜肴。种子称Coriander Seed，也常磨成粉来使用。

/ 肉桂 /
Cinnamon

为条状或磨成粉状。主要用于甜点，如苹果派或撒在Cappuccino咖啡的泡沫上。

/ 法式芥末 /
FRENCH MUSTARD

具有辛辣味，呈黄色，适合用于红肉类、热狗等，也有着色作用，可使酱汁或烩煮菜类变黄。

/ 牛至（花薄荷）/
OREGANO

为意大利菜主要的香料之一，适用于鱼类、番茄、肉类等菜肴的调味。

/ 香芹 /
PARSLEY

可增加汤、酱汁的风味，新鲜的则可做装饰。

/ 大蒜 /
GARLIC

其辛辣香味可促进食欲，适合与肉类、海鲜、蔬菜等搭配。

/ 胡椒 /
PAPPER

胡椒子未成熟时即采收、干燥而成黑胡椒。味道强烈，适合红肉类的调味，成熟后的胡椒子去皮而成白胡椒，其味道较不强烈，适合白肉类及鱼类的调味。

/ 莳萝 /
DILL

适用于腌渍类及沙拉的调味，如黄瓜沙拉等，或鱼类、汤类、烩煮类等菜肴。

调味高汤

一道菜的成功与否，除考虑其烹调方式、营养成分、整体外观外，最重要的特色就是风味（Flavor）。

影响风味的关键在于如何使用西餐的调味料及正确地调味。

选用良好的高汤代替味精

1.鸡高汤　　2.鱼高汤　　3.牛高汤

正确调味

西餐的调味（Seasoning）主要指盐及胡椒（海鲜类可加上柠檬汁）。

选择天然的蔬菜及香料增加其风味

1. 调味蔬菜：包括洋葱50%（或洋葱25%、蒜25%）、胡萝卜25%、西芹25%。
2. 香料束：将西芹、百里香、香芹等香料捆绑成束。
3. 香料包：用纱布将综合香料，如胡椒粒、月桂叶、百里香等包在一起。

质量及容量的换算

质量的换算

1千克＝1000克
1千克＝2.2磅
1盎司＝28.4克
1磅＝454克
1磅＝16盎司

容量的换算

1茶匙＝5毫升
1汤匙＝15毫升
1杯＝250毫升
1品脱＝500毫升
1夸脱＝1000毫升（1升）
1加仑＝4000毫升（4升）

鸡高汤（2升）

材料	水	2.5升	调味蔬菜	胡萝卜	60克
	鸡骨	1千克		西芹（清洗后切小丁）	60克
				洋葱	125克

香料包	迷迭香	5克
	百里香	5克
	月桂叶	1片
	香芹梗	1枝
	白胡椒粒	5颗

做法
1. 烫煮：将水加入汤锅煮至沸腾，加入鸡骨，用木匙搅拌均匀。（主要作用是去除多余的血水及油脂。）
2. 过滤：将鸡骨倒入漏水盆，将鸡骨滤干。
3. 将鸡骨再放入汤锅，加入冷水煮至沸腾，去泡沫及残渣。
4. 将火转小，加入调味蔬菜及香料包，使高汤浓缩。
5. 不断去除浮在高汤表面的泡沫及残渣，用慢火煮1.5小时。
6. 最后过滤即可。

鱼高汤（2升）

材料	水	2.5升	调味蔬菜	洋葱	120克
	鱼骨	1千克		蒜（只用白色部分）	60克
				柠檬（榨汁）	1/2个
				白酒	120毫升
				奶油	15克

香料包	香芹梗	2枝
	月桂叶	1片
	白胡椒粒	5颗

做法
1. 若鱼骨不新鲜或有血水时需清洗鱼骨。
2. 将洋葱和蒜切片，用奶油将洋葱和蒜炒香，不上色。
3. 再将鱼骨及炒过的蔬菜放入高汤锅，加入柠檬汁。
4. 加入冷水，煮至沸腾，转小火。
5. 去除泡沫，加入香料和白酒。
6. 慢煮20~25分钟，慢煮过程中不断去除泡沫和残渣。

褐色牛高汤（2升）

材料			调味蔬菜		
水	3升		洋葱	120克	
牛骨（切成小块）	1千克		胡萝卜	60克	
			西芹	60克	
			番茄糊	100克	

香料包	
迷迭香	5克
百里香	5克
月桂叶	3片
香芹梗	2枝
黑胡椒粒	10颗

做法

1. 将牛骨放入烤盘，进烤箱以200℃烤。
2. 当牛骨变浅褐色时，加入调味蔬菜和番茄糊。待番茄糊均匀涂在牛骨上，再入烤箱，烤至深褐色（15~20分钟）。
3. 再将深褐色的牛骨放入高汤锅中。
4. 去残渣：用水或红酒，将烤盘上的残渣去除，再将其液体倒入高汤中。
5. 加入冷水至高汤锅中，再加香料包。
6. 煮至沸腾后小火慢煮6~8小时，其间不断去除浮油和泡沫。
7. 过滤即可。

情人节 套餐

Set Menu for Valentine's Day

◎ 鲔鱼沙拉附红椒杏仁酱
◎ 奶油芦笋汤
◎ 乡村马铃薯泥
◎ 迷迭香烤鸡附原味肉汁
◎ 夏威夷核果羊小排
◎ 皇家巧克力慕斯

在情人节这个浪漫的日子里，四处可见鲜花、巧克力及各种礼物，这不仅是情侣的专利，也是属于夫妻之间的浪漫，借着这天来表达彼此心中的爱意，一顿美味的餐点再衬以绝佳的气氛，更为这个节日加分不少。这套情人节的专属套餐包含了入口即化的鲜鲔鱼沙拉搭配杏仁果香的红甜椒酱汁，是一道加州式的热前菜，搭配香醇浓郁的奶油芦笋汤，主菜则为脆皮多汁的迷迭香烤鸡，餐后再搭配浓情的巧克力慕斯。这份菜单以白肉类为主，若以香槟或白酒佐餐，再加上玫瑰和蜡烛，会使这套菜单更出色，更增添罗曼蒂克的气氛。

鲔鱼沙拉附红椒杏仁酱

Ahi Tuna Salad with Red Bell Pepper Almond Dressing

难易度 ★ ★ ★ ｜ 时间45分钟

材料

杏仁片		40克
红甜椒		1个
大蒜碎		5克
蛋黄		1个
橄榄油		2/3杯
红酒醋		2茶匙
鲔鱼排		250克
（切成两片，每片约1.2厘米厚）		
黑胡椒碎、盐、白胡椒粉		适量
A	苜蓿芽	100克
	豌豆苗	100克
	胡萝卜丝	50克
	黄甜椒丝	1/4个
	圆白菜丝	150克
B	柠檬汁	2汤匙
	橄榄油	6汤匙

做法

1. 烤箱预热至180℃后，将杏仁片放入烤箱中，烤至呈金黄色，冷却后，切碎备用。
2. 将红甜椒炭烤或放入烤箱烤至焦黄上色，去皮去籽，再用搅拌机打成泥状。
3. 蛋黄加少许的温水和红酒醋，打散后加入大蒜碎，徐徐加入橄榄油，用打蛋器打成稠状，再加入杏仁片、红椒泥、盐、白胡椒粉调味即为红椒杏仁酱。
4. 将材料A中的蔬菜洗净过冷水，过滤备用。
5. 将材料B中的柠檬汁和橄榄油混合，打散成稠状柠檬酱汁，并用盐、白胡椒粉调味。
6. 鲔鱼用黑胡椒碎和盐调味，用中大火煎至两面五至七分熟后切斜片（一块鲔鱼排约8小片）。
7. 鲔鱼上盘，附上洗净过滤的蔬菜，再淋上红椒杏仁酱和柠檬酱汁即可。

奶油芦笋汤

Cream of Asparagus Soup

难易度 ★ | 时间30分钟

材料

绿芦笋（小）	600克
鸡高汤	1升
奶油	75克
低筋面粉	75克
无糖鲜奶油	2/3杯
盐、胡椒	适量

A	洋葱	1/2个
	西芹	1根
	青蒜	1根
B	香芹梗	1根
	月桂叶	1片
	百里香	1/2茶匙

做法

1. 取绿芦笋留尖头部分约1杯，以水烫熟后过冷水备用。
2. 将其余芦笋切小丁，材料A的调味蔬菜也切丁备用。
3. 用奶油将材料A及芦笋拌炒约1分钟至其散发出香气，然后放入面粉炒成白色面糊，再加入鸡高汤搅拌至无颗粒状，煮开后转小火，再加入材料B，以小火煮20分钟，过滤。
4. 加入鲜奶油煮至沸腾，以盐、胡椒调味，最后加入步骤1中的芦笋装饰即可。

乡村马铃薯泥
Mashed Potato

难易度 ★ | 时间20分钟

材料	马铃薯（2~3个）	600克
	蛋黄	2个
	奶油	2汤匙
	鲜奶油	4汤匙
	盐、胡椒、豆蔻粉	适量

做法

1. 马铃薯去皮切大块，用水煮约15分钟至熟，过滤，再压成泥。
2. 拌入奶油及鲜奶油，以小火煮热，再拌入蛋黄及盐、胡椒、豆蔻粉调味即可。

迷迭香烤鸡
附原味肉汁

Roasted Chicken with Rosemary and
Chicken Gravy

难易度 ★ ★ ★ │ 时间80分钟

材料

全鸡（2只）	800克
大蒜	3头
奶油	100克
匈牙利红椒粉	2汤匙
迷迭香	1汤匙
盐、胡椒、橄榄油	适量
棉绳	2条
鸡高汤	2杯

调味蔬菜

洋葱	1个
西芹	2根
胡萝卜	1根

做法

1. 将烤箱预热至180℃。
2. 将调味蔬菜切成约2厘米见方的小块，加入大蒜和迷迭香混合均匀。
3. 全鸡洗净后，用盐、胡椒、匈牙利红椒粉调味，再把部分调味蔬菜塞入鸡肚中以棉绳绑紧。
4. 将剩余的调味蔬菜垫在烤盘底部，把全鸡放入烤箱烤约1小时，每15分钟翻一次，并淋上一些橄榄油，烤至整只鸡呈金黄色至熟。
5. 鸡烤好后，将其背骨及胸肋骨取出，再将全鸡一开为二，腿骨可留下（一人份半只）。
6. 原味肉汁：将烤盘上的调味蔬菜、取下的鸡骨及烤鸡留下的油脂倒入锅中，加入约2杯鸡高汤，浓缩，15分钟后除去浮油并过滤，再以盐、胡椒调味即可。
7. 上盘时淋上原味肉汁，并附上乡村土豆泥。

夏威夷核果羊小排

Hawaii Macadamia Lamb Chop

难易度　★ ★ ★　│　时间80分钟

材料

羊小排		12块
盐、胡椒、香芹		适量
A	夏威夷果	50克
	黄芥末酱	20克
	大蒜	10克
	白兰地酒	5克
	迷迭香	2克
	薄荷叶	2克

配菜

西蓝花	4小朵
玉米笋	4根
红甜椒（切4片）	半个
※西蓝花、玉米笋和红甜椒烫煮后 过冷水备用	
马铃薯	4个（350克）
葱（切葱花）	1根
奶油	20克
酸奶油	20克

做法

1. 将烤箱预热至180℃；大蒜及香芹切碎；材料A搅拌均匀备用。
2. 将马铃薯用铝箔纸包起来，入烤箱180℃烤约1小时，烤马铃薯用小刀划十字，由内往外压成马铃薯花，再加上葱花、酸奶油和奶油。
3. 将配菜西蓝花、玉米笋和红甜椒用奶油炒香。
4. 羊小排先用盐、胡椒调味，入锅煎3分钟后，放入烤盘内，再用材料A铺于羊小排上，入烤箱烤约10分钟至八成熟即可。

皇家巧克力慕斯

Royal Chocolate Mousse

难易度 ★ | 时间30分钟

材料					
苦甜巧克力	150克	**A**	蛋黄	3个	
无糖鲜奶油	1杯		细糖	4茶匙	
樱桃白兰地或白兰地	2汤匙	**B**	蛋白	3个	
香草精	1茶匙		细糖	4茶匙	
草莓、猕猴桃和薄荷叶（洗净）	适量	**C**	滚水	3汤匙	
			咖啡粉	1茶匙	

做法

1. 将巧克力切碎，隔水加热融化。
2. 用打蛋器将材料 A 打至微发，材料 B 的蛋白也打发备用，材料 C 搅拌均匀成浓缩咖啡。
3. 将鲜奶油打发，预留1/3杯装饰用。
4. 在融化的巧克力中，依序拌入蛋黄、蛋白、浓缩咖啡和打发鲜奶油搅拌均匀，再加入樱桃白兰地和香草精搅拌均匀。
5. 将巧克力慕斯倒入香槟杯中，放入冰箱以5℃冷藏至巧克力慕斯凝固，再挤上鲜奶油并饰以草莓、猕猴桃及薄荷叶。

儿童 套餐
Set Menu for Children

◎ 酥皮奶油玉米汤
◎ 菠萝芒果虾仁
◎ 汉堡排附薯条及圆白菜沙拉
◎ 奶香培根意大利面
◎ 焦糖布丁

还记得儿子承威四岁生日时，我准备了食材和工具，到学校与他和其他同学合做了一个黑森林生日蛋糕，小朋友那种愉悦的心情及亲情的流露，至今仍难以忘怀。学校现在都很注重亲子间的互动，你是否曾为了游园会或生日派对而烦恼过？

这是一套从三岁到十六岁的小朋友都喜欢的菜单，花点时间，也为你的小朋友做个美味营养的套餐，给孩子一个美好的童年回忆吧！

酥皮奶油玉米汤
Puff Pastry on Cream of Corn Soup

难易度 ★ | 时间40分钟

材料

酥皮（15厘米×15厘米）		4张
蛋		1个
A	奶油	25克
	低筋面粉	25克
B	牛奶	1¼杯
	鸡高汤	2杯
C	玉米酱	1杯
	玉米粒	1/2杯
D	月桂叶	1片
	盐、胡椒	适量

做法

1. 烤箱预热至220℃。
2. 将材料A炒成面糊，加入材料B搅拌至无颗粒状。
3. 放入材料C和材料D以小火煮15分钟。
4. 将步骤3做好的汤装入汤碗再盖上酥皮，刷上蛋液。
5. 入烤箱以220℃烤约7分钟，至呈金黄色即可。

菠萝芒果虾仁

Grass Shrimp Salad with Mango and Pineapple Relish

难易度　★　│　时间25分钟

材料

大芒果（切成0.5厘米见方丁1杯，其余切块）	1个
菠萝（切成0.5厘米见方丁1杯，也可用菠萝罐头切片）	1/4个
柠檬汁	2汤匙
香菜碎	30克
红甜椒（切丁，切丝）	1/2个
蛋黄酱	2汤匙
草虾（烫熟，去皮，冷藏备用）	20只
青葱碎	2根
姜碎	1汤匙
盐	1/2茶匙

做法

1. 将带壳草虾剔去肠泥，可用牙签在草虾背部的2～3节挑出肠泥。
2. 将适量的水放入煮锅中，煮开，加入草虾烫至熟，捞起置于冰水中冷却，去除头、尾、虾壳后冷藏备用。
3. 将芒果块用果汁机打成泥。
4. 将1杯芒果丁和菠萝丁拌入柠檬汁及香菜碎，加芒果泥和少许的盐、胡椒调味，搅拌均匀即成芒果菠萝酱。
5. 将蛋黄酱、青葱碎、姜碎搅拌均匀，再拌入草虾和红甜椒丝。
6. 装入沙拉碗，加上芒果菠萝酱，再用红甜椒丝装饰即可。

汉堡排附薯条及圆白菜沙拉

Hamburger with French Fries and Cole Slaw

难易度 ★ ★ ★ | 时间60分钟

圆白菜沙拉　材料

圆白菜丝	300克
胡萝卜丝	80克
蛋黄酱	45克
糖	15克
白醋	15毫升
盐、胡椒	适量

圆白菜沙拉　做法

1. 将圆白菜丝和胡萝卜丝加少许盐，用手抓出水分，以冷开水冲洗盐分，再将多余的水分去除滤干。
2. 拌入蛋黄酱、糖和醋，混合均匀后再调味即可。

汉堡　材料

牛肉馅（肥肉20%，瘦肉80%）	400克
吐司	2片
蛋	1个
洋葱碎（用奶油炒香备用）	80克
蔬菜油	4汤匙
盐、黑胡椒、香芹碎	适量
番茄片	4片
乳酪片	4片
生菜叶	8片
汉堡面包	4个
冷冻薯条	400克

汉堡　做法

1. 将吐司用水泡开，捣成泥状加入肉馅中，再加入蛋、洋葱碎、香芹、盐、胡椒和油，搅拌均匀。
2. 将拌好的肉馅做成每颗约120克的肉球后，压扁成牛排形状，整形时手上可蘸点油，使肉馅不黏手。
3. 将汉堡排煎到双面上色，再放入烤箱，以180℃烤5分钟，再加入乳酪片直到乳酪融化。
4. 将汉堡面包对切，涂上奶油，两面烤上色。
5. 下层汉堡面包上加生菜、番茄片，再放上乳酪汉堡排，最后盖上上层汉堡面包。
6. 以190℃热油炸薯条3分钟至呈金黄色后捞起，以盐、胡椒调味。
7. 搭配圆白菜沙拉和薯条即可享用。

奶香培根意大利面

Spaghetti Carbonara

难易度 ★ | 时间30分钟

材料

意大利面	400克
牛奶	500毫升
培根	100克
鲜奶油	300毫升
新鲜洋菇	100克
大蒜	15克
洋葱	1/2个
蛋黄	4个
盐、黑胡椒、香芹碎、	
鸡高汤	适量

做法

1. 将面条烫煮约10分钟至八成熟，过冷水沥干；洋葱、大蒜切碎；洋菇切片备用。
2. 热锅，加入奶油炒香培根后，加入洋菇和洋葱拌炒均匀。
3. 放入面条、150毫升鲜奶油、牛奶和高汤，浓缩至汤汁剩一半，再加入蛋黄和剩下的150毫升鲜奶油，小火浓缩收汁后，加盐、胡椒（5:1）调味，撒上香芹碎即可。

焦糖布丁
Caramel Pudding

难易度 ★ ★ │ 时间100分钟

材料

泡沫鲜奶油	60毫升	**A**	糖	60克
红樱桃	4颗		水	10毫升
薄荷叶	4支	**B**	全脂牛奶	350毫升
			香草精	1/2茶匙
			无糖鲜奶油	150毫升
			糖	125克
			蛋	4个

做法

1. 将材料A煮至黄褐色即为焦糖；烤箱预热至165℃。
2. 在布丁杯涂上薄薄一层奶油后，加入焦糖备用。
3. 将材料B中的糖与一半的牛奶煮至糖溶化后，续入剩余的牛奶、香草精、鲜奶油和蛋搅拌均匀，过滤备用。
4. 将步骤3的布丁液倒入布丁杯中，盖上铝箔纸隔水放入烤箱以165℃烤40～50分钟，至布丁液凝固后，取出放凉。
5. 置于冰箱中以5℃冷藏60分钟，取出倒扣于盘上，挤上鲜奶油，以红樱桃和薄荷叶装饰即可。

母亲节 套餐
Set Menu for Mothers' Day

◎ 餐包
◎ 凯撒沙拉与香烤鸡胸
◎ 法式洋葱汤
◎ 黑胡椒牛肉乳酪烘蛋
◎ 柠檬鲑鱼卷与奶油芥末酱
◎ 英式面包布丁

　　每年到了母亲节或父亲节，常会找家特别的餐馆，来感谢父母亲的辛劳，但往往餐馆中一位难求且人潮拥挤，不但餐饮及服务品质没有随着价位而提高，反而大打折扣，花了不少冤枉钱。不妨在家DIY做套餐，更能表现孝心，且吃得健康、舒服，也更有意义。
　　母亲节套餐可以说是西餐的经典，有爽口浓郁的凯撒沙拉配上法式洋葱汤，主菜是地中海风味的柠檬鲑鱼卷，甜点则选择了甜而不腻的英式面包布丁。在餐点之中，搭配适合的葡萄酒，可使整套菜单更加完美出色。

餐包

Bread Roll

难易度 ★★ │ 时间90分钟

材料

水	150毫升
奶油	100克
蛋液（蛋黄加水打散）	适量
A 高筋面粉	500克
新鲜酵母	10克
白糖	30克
盐	2克
蛋	1个

做法

1. 将材料A加入水搅拌均匀。
2. 揉5分钟至面团有筋性。
3. 加入奶油，并揉5分钟至表面光滑。
4. 盖上布使其发酵30分钟，分割成60克/个的小面团，再醒30分钟。
5. 刷上蛋液放入烤箱，以220℃烤25分钟至呈金黄色即可。

凯撒沙拉与香烤鸡胸

Caesar Salad with Grilled Chicken Breast

难易度　★ ★　│　时间45分钟

材料

鸡胸肉	1份
柳橙	1/2个
柠檬	1/2个
蛋黄	2个
橄榄油	300毫升
红酒醋	10毫升
法式芥末籽酱	10克
盐、胡椒	适量
大蒜	2头
鳀鱼	1条
萝蔓生菜	1棵
培根碎	150克
法国面包	（切6~8片）
帕玛乳酪粉	15克
梅林乌醋	1茶匙
辣椒水	1/2茶匙

香料奶油

奶油	2汤匙
香芹碎	5克
盐、胡椒	适量

（奶油拌入香芹碎打散，再加入盐、胡椒调味）

做法

1. 将大蒜切碎；培根炒香脆。
2. 在法国面包上涂上香料奶油，烤上色备用。
3. 将鸡胸肉洗净，用柳橙汁、柠檬汁、盐和胡椒腌约15分钟，放入锅中煎成金黄色至熟，保温备用。
4. 将蛋黄打散，加入红酒醋、法式芥末籽酱，用打蛋器稍打发，再慢慢加入橄榄油使呈浓稠状，最后放入大蒜、鳀鱼、盐和胡椒，加入梅林乌醋，以辣椒水调味即成凯撒沙拉酱。
5. 将萝蔓生菜洗净，拌入酱汁，再拌入培根碎和乳酪粉。
6. 将步骤3的鸡胸肉切片，取3~4片装盘，并附上香料奶油面包即可。

◆ 牛高汤也可用鸡高汤代替。

法式洋葱汤
French Onion Soup

难易度 ★ | 时间75分钟

材料

洋葱	2个
牛高汤	1¹/₂升
奶油	80克
面粉、盐、胡椒	适量
乳酪丝	40克
法国面包（切片）	4片

香料包

黑胡椒粒	2颗
丁香	1颗
大蒜	1头
迷迭香	1/2茶匙
百里香	1/2茶匙
月桂叶	1片

做法

1. 洋葱切丝；大蒜切碎；法国面包涂上少许奶油备用。
2. 取一锅，待锅热后，放入奶油炒香洋葱丝，至洋葱软化成浅褐色，加入1茶匙面粉，用小火炒至金褐色，再倒入高汤煮滚，转小火加入香料包熬煮45分钟，取出香料包，用盐、胡椒调味。
3. 将汤盛入汤盘，加入1~2片法国面包，撒上少许乳酪丝，放入烤箱以200℃烤至乳酪融化呈金黄色即可。

黑胡椒牛肉乳酪烘蛋

Black Pepper Beef and Cheese Frittata

难易度 ★ ★ ｜ 时间45分钟

材料

橄榄油	20克
黑胡椒牛肉（切丁）	60克
洋菇（切丁）	90克
洋葱（切碎）	60克
黄甜椒（切丁）	180克
红甜椒（切丁）	180克
蛋	6个
黑橄榄（切片）	20克
香芹（切碎）	2克
帕玛森乳酪丝	10克
切达乳酪丝	60克

做法

1. 将鸡蛋打散过滤备用。
2. 将油倒入热锅中，油热后将洋葱和洋菇炒香，再加入黑胡椒牛肉、黄甜椒和红甜椒拌炒均匀。
3. 将蛋液倒入锅中拌炒至蛋半凝固，再加入洒上切达乳酪、帕玛森乳酪丝和香芹。
4. 最后放入烤箱以180℃烤约10分钟至熟呈黄色即可。

柠檬鲑鱼卷与
奶油芥末酱

Lemon Salmon Roll with Cream Mustard Sauce

难易度 ★★★ │ 时间60分钟

材料

鲑鱼（每块120克）	4块
橄榄油	3汤匙
红番茄（去皮切丁）	1个
青椒切丁	1/2个
黄椒切丁	1/2个
红葱头末	15克
芥末籽酱	2茶匙
盐、胡椒	适量
奶油	2汤匙
A 柳橙皮末	1/2个
柠檬皮末	1/2个
盐、胡椒	少许
B 无糖鲜奶油	1/2杯
白酒	60毫升

做法

1. 鲑鱼去皮去骨，将鱼肉切成长条状，撒上材料A腌拌均匀备用。

2. 以保鲜膜将鱼肉卷成糖果状后，放入水中煮至表面凝固，捞出放凉取出，以橄榄油煎至两面呈金黄色（约七成熟）。

3. 奶油芥末籽酱：以2汤匙奶油炒香红葱头末，倒入白酒以小火加热浓缩，加入鲜奶油煮开后，再放入芥末籽酱、盐、胡椒调味成酱汁。

4. 将鲑鱼卷放入烤箱以180℃烤约8分钟至熟。

5. 以奶油芥末籽酱打底，加上炒香的番茄、青椒和黄椒丁装饰，将鲑鱼卷上盘即可。

英式面包布丁
Butter Bread Pudding

难易度 ★ ★ | 时间100分钟

材料

吐司（对切）	4片		**B**	全脂牛奶	700毫升
融化奶油	120克			无糖鲜奶油	300毫升
葡萄干（泡朗姆酒备用）	30克			糖	160克
				蛋	8个
A 糖	120克			肉桂粉	2克
水	30毫升				

做法

1. 将材料 A 煮成黄褐色焦糖备用；吐司蘸融化的奶油备用；烤箱预热至190℃。
2. 将材料 B 中的糖加入1杯牛奶煮至糖溶化后，再倒入剩余的牛奶、鲜奶油、肉桂粉和蛋搅拌均匀，过滤为布丁液备用。
3. 将焦糖倒在9寸模具上，铺上奶油吐司和葡萄干，再加入布丁液至八分满，盖上铝箔纸。
4. 放入烤箱以190℃，隔水烤约70分钟。
5. 取出，待降温倒扣上盘即可。

父亲节 套餐
Set Menu for Fathers' Day

◎ 海鲜沙拉盅
◎ 意式蔬菜汤
◎ 炭烤菲力牛排与黑胡椒酱
◎ 蓝带鸡排附香料番茄
◎ 提拉米苏

父爱不像母爱那样春风化雨拂面而来，而是如山一般严肃而厚重。相较于在朋友圈发祝福，一桌亲手烹制的经典西餐美食会在父亲节给爸爸一个惊喜。

到了夏天，适合作父亲节餐点的有消暑的墨西哥海鲜沙拉，最具代表性的意大利蔬菜汤，主菜是口味稍重的黑胡椒菲力牛排，而提拉米苏是最流行的甜点。再搭配红葡萄酒佐餐，温馨而美好！

海鲜沙拉盅
Seafood Cocktail

难易度 ★ | 时间20分钟

材料

美生菜丝	125克		酸豆末	1茶匙
香芹	适量		辣椒水	1/2茶匙
黑橄榄（切片）	4个	B	鲔鱼丁	80克
柠檬（切角）	1/2个		花枝丁	80克
盐、胡椒	适量		草虾仁	8只
			生干贝（对切）	4个
A 蛋黄酱	3汤匙	C	洋葱丁	1/4个
番茄酱	2汤匙		青椒丁	1/4个
柠檬汁	2茶匙			

做法

1. 将材料 B 的海鲜和材料 C 分别烫煮备用。
2. 将材料 A 搅拌均匀，再加入材料 B 和材料 C，并用盐、胡椒调味。
3. 取鸡尾酒杯，将生菜丝垫底，再加上海鲜沙拉，最后以柠檬角、黑橄榄片和香芹装饰即可。

意式蔬菜汤

Minestrone

材料

去皮番茄罐头	1¼杯	白豆或花豆	30克
培根	100克	盐、胡椒、乳酪粉	适量
洋葱	1/4个		
大蒜（切碎）	2头	**A** 青蒜	150克
橄榄油	150毫升	胡萝卜	150克
通心面	60克	西芹	150克
番茄糊	30克	圆白菜	150克
青豆仁	50克	洋芋	150克
鸡高汤	2升	**B** 迷迭香、牛至罗勒、	
		月桂叶	适量

做法

1. 将材料 A 的蔬菜均切丁；洋葱、去皮番茄罐头和培根也切丁；花豆泡水6小时备用。
2. 锅热后加入橄榄油，将洋葱、培根和大蒜炒香，放入材料 A 炒香，加入番茄糊炒开，再放入番茄丁、花豆，最后加入鸡高汤煮开。
3. 加入材料 B 以小火煮20分钟，放入通心面煮20分钟，以盐、胡椒调味，用青豆仁装饰。

炭烤菲力牛排与黑胡椒酱

Grilled Beef Tenderloin with Black Pepper Sauce

难易度 ★ ★ ★ | 时间60分钟

材料

菲力牛排	4块（每块180克）	盐、胡椒	适量
奶油	50克	玉米笋	4根
粗粒黑胡椒	30克	红、黄、绿甜椒（切4片）	各1个
牛高汤	500毫升	※白花菜、玉米笋和甜椒烫煮后	
红酒	180毫升	过冷水备用	
红葱头碎	60克	马铃薯	4个
白花菜	4小朵	葱（切葱花）	1根
中筋面粉	20克	酸奶油	30克
大蒜（切碎）	2头		

面糊

用小火将20克奶油和20克中筋面粉炒约2分钟使其散发出香气，不需上色。

做法

1. 将粗粒黑胡椒放入烤箱以180℃烤上色（约1分钟）或干炒1分钟备用。
2. 将马铃薯带皮洗净后用铝箔纸包起，放入烤箱以180℃烤约1小时，待熟取出备用。
3. 用奶油将红葱头、大蒜炒香后，放入黑胡椒拌炒1分钟，加入红酒浓缩至一半的量，再加入牛高汤，用盐、胡椒调味即成黑胡椒酱（若不够浓稠，可加面糊煮3分钟）。
4. 菲力牛排用盐、胡椒调味，再用中大火煎至两面呈金黄色，放入烤箱以180℃烤7分钟至约八成熟。
5. 将配菜白花菜、玉米笋和三色甜椒用奶油炒香。
6. 烤马铃薯用小刀划十字，由内往外压成马铃薯花，再加上酸奶油、奶油和葱花。
7. 最后将菲力牛排上盘，加上配菜及烤马铃薯，再淋上黑胡椒酱汁即可。

蓝带鸡排附香料番茄

Chicken Cordon Blue with Bake Tomato

难易度 ★ ★ ★ | 时间60分钟

材料

鸡胸肉	4片	橄榄油	60毫升
火腿片	4片	番茄	2个
乳酪片	4片	牛至	3克
蛋	2个	奶油	50克
低筋面粉	150克	色拉油	50克
面包粉	300克	盐、白胡椒	适量
大蒜(切碎)	2头		

做法

1. 将烤箱预热至180℃；鸡胸肉切成0.5厘米厚的薄片，用盐、胡椒和大蒜调味；乳酪片切条备用。

2. 番茄对切备用；在100克面包粉中加入橄榄油和牛至搅拌均匀，并用盐、胡椒调味，均匀铺在番茄上备用。

3. 火腿片包上乳酪条，再用鸡胸肉片包卷起来，依序蘸上低筋面粉、蛋液和面包粉制成蓝带鸡排。平底锅中加入奶油和色拉油烧热，将蓝带鸡排煎至呈金黄色，最后与香料番茄一同入烤箱以180℃烤约12分钟即可。

提拉米苏

Tiramisu

难易度 ★ ★ | 时间60分钟

材料

蛋黄	1个	无糖鲜奶油（打发）	125克
糖粉	25克	咖啡酒	30克
吉利丁	1片	3寸海绵蛋糕	1~2个
蜂蜜	2汤匙	可可粉	15克
白兰地	30毫升	草莓	4个
马斯卡彭乳酪（打散）	125克		

做法

1. 将蛋黄和糖粉隔热水打散，至糖粉溶化。
2. 吉利丁泡冰水至软，过滤，加入蛋黄中打散。加入蜂蜜、白兰地搅拌均匀。
3. 加入马斯卡彭奶酪和打发的无糖鲜奶油，搅拌均匀，制成提拉米苏。
4. 在模型杯中先放一层海绵蛋糕为底，刷上少许咖啡酒，倒入提拉米苏，高度约1.5厘米，再铺上另一层海绵蛋糕，并刷上咖啡酒，最后再倒入剩下的提拉米苏至容器约九分满。
5. 将其放入冰箱以3℃冷藏约1小时，撒上可可粉再饰以草莓即可。

圣诞节
水果 套餐

Christmas Fruit Set Menu

- ◎ 肉桂红酒梨
- ◎ 奶油玉米甜瓜汤
- ◎ 德国圣诞红酒
- ◎ 橙香夏威夷鲑鱼沙拉
- ◎ 香烤果馅火鸡卷
- ◎ 酪梨香草雪球

　　白色圣诞！！多么令人期待的日子呀！在欧美被视为全家团聚的节日，而在台湾多数人为了迎接这天的到来，订餐厅、开派对，大费周章。其实，你也可以与亲朋好友在圣诞树旁享受片刻的温馨，在家DIY烹调出连餐厅也享受不到的特别美味。

　　时至今日，好吃的水果唾手可得，虽然现代人饮食讲究天然环保，但在欢乐的节庆里，还是会忽略了健康的诉求，所以，此套菜单特别以水果入菜，搭配鲑鱼、南瓜、火鸡、冰淇淋等食材，让你在享受美味的同时，也能吃出健康。

肉桂红酒梨

Spiced Pears in Red Wine Sauce

难易度 ★ | 时间105分钟

材料

红酒	500毫升	鸭梨（去皮，泡盐水）	4个
糖	500克	玉米粉（加入3/4杯水调匀，勾芡用）	
肉桂棒	1支		15克
丁香	2颗	无糖鲜奶油（打发）	适量
柠檬皮	1/2个	薄荷叶	4片
柳橙皮	1/2个		

做法

1. 将红酒、糖、肉桂棒、丁香、柠檬皮和柳橙皮放入小汤锅中，煮至沸腾后转小火加盖再慢煮15分钟。
2. 放入鸭梨，使红酒淹没鸭梨，以慢火再煮30分钟。移火，待鸭梨冷却至室温，约1小时后取出鸭梨。
3. 将红酒过滤，浓缩8～10分钟成1杯的量，加入玉米粉加水勾芡，即为红酒酱汁。
4. 将红酒梨上盘淋上酱汁，挤少许鲜奶油，再用薄荷叶装饰即可。

◆ 若鸭梨太大，可对切使用。鸭梨以进口居多，有红皮和绿皮之分，以红皮为佳，也可使用本地的水梨代替。

奶油玉米甜瓜汤

Toasted Corn and Sweet Squash Soup

难易度　★　｜　时间45分钟

材料

红薯	200克
南瓜	400克
甜玉米	1 根
鲜奶油	1/2杯
盐、胡椒	适量
奶油	30克

A	洋葱	100克
	胡萝卜	50克
	姜片	10克
B	鸡高汤	1升
	牛奶	250毫升
	玉米酱	1/2杯

做法

1. 将红薯和南瓜去皮、去籽、切丁；洋葱和胡萝卜切丁；甜玉米入烤箱烤上色，取下玉米粒，玉米梗备用，预留1/2杯玉米粒装饰用。
2. 用奶油将材料A炒香，加入红薯、南瓜炒至表皮上色，再加入玉米梗，最后加入材料B以大火煮开，转小火煮至南瓜松软（约20分钟）。
3. 取出玉米梗，以果汁机打成泥状，过滤，加入鲜奶油煮至沸腾，再用盐和胡椒调味，最后用玉米粒装饰即可。

德国圣诞红酒

Gluehwein

难易度 ★ | 时间45分钟

材料

红葡萄酒	750毫升
柳橙	1个
丁香	5颗
肉桂棒	2根
八角（小）	1颗
姜片	2片
白糖	60克

做法

1. 将所有材料一起倒入锅中小火煮30分钟。预留1片柳橙和1根肉桂棒。
2. 装饰上剩余的柳橙片和肉桂棒，趁热饮用。

橙香夏威夷鲑鱼沙拉

Lomi Lomi Salmon

难易度 ★ ★ ｜ 时间110分钟

材料

鲜鲑鱼	500克
洋葱（约1个）	300克
番茄（约1个）	300克
美生菜	1/3颗
香芹	30克
红甜椒	150克
黄甜椒	150克

A	柠檬	（榨汁）$1\frac{1}{2}$个
	柳橙	（榨汁）$1\frac{1}{2}$个
	盐	10克
	糖	10克
	辣椒水	4滴
	菠萝汁	150毫升

做法

1. 洋葱切丝；番茄去籽切丝；红、黄甜椒洗净切丝；香芹切碎备用。
2. 鲜鲑鱼切成长条片状（约0.5厘米×1厘米×9厘米），放入洋葱丝和材料A，腌90分钟。
3. 将腌渍鲑鱼拌入红、黄甜椒丝和番茄丝腌泡约15分钟至蔬菜入味。
4. 以美生菜放在盘上垫底，加上腌渍鲑鱼，再放些香芹碎和菠萝叶装饰即可。

◆ 选购鲑鱼时，一定要新鲜，也可用鲔鱼或旗鱼代替。

香烤果馅火鸡卷

Roasted Turkey Breast with Fruit Stuffing

难易度 ★ ★ ★ ┃ 时间80分钟

材料		
	火鸡胸	1千克
	菜籽油	2汤匙
	胡椒、盐	15克
	棉绳	2条

水果馅		
	奶油	30克
	洋葱	150克
	青苹果	1个
	红糖	10克

果香酱汁			
	A	杏桃干	60克
		蔓越莓干或葡萄干	30克
		苹果汁	30毫升
		鸡高汤	30毫升
		红酒醋	30毫升
		鼠尾草	5克
		丁香碎	2颗
	B	苹果汁	1/2杯
		鸡高汤	80毫升
		红酒醋	1/3杯
		白酒	30毫升
		洋葱碎	30克

做法

1. 将火鸡胸肉展开拍打成长方形，撒上盐、胡椒调味备用。
2. 青苹果去皮、切丁；杏桃干切丁；鼠尾草、洋葱切碎；烤箱预热至180℃备用。
3. 水果馅：用奶油将洋葱炒香后，加入苹果和红糖炒至苹果表皮上色，再加入材料A以小火煮至汁液收干，熄火降温备用。
4. 将水果馅放在展开的火鸡胸肉上，卷成筒状，并用棉绳固定，用少许油将火鸡卷以中火煎上色，再放入烤箱烤至熟（20～25分钟）。
5. 果香酱汁：将烤后剩余的肉汁和油，加入材料B煮至沸腾，转小火并浓缩至约1杯的量，加入盐、胡椒调味。
6. 除去火鸡卷的棉绳，切成约1.5厘米的厚片，再淋上酱汁即可。

酪梨香草雪球
Snow Ball

难易度 ★ | 时间30分钟

材料		
	香草冰淇淋	600毫升
	新鲜酪梨（切丁）	1/2个
	柠檬汁	60毫升
	豆蔻粉	适量
	特制柠檬汁（1汤匙果糖和柠檬汁加1杯冰水调均匀）	1¼杯
	柠檬皮丝和柳橙	适量

做法

1. 将1杯香草冰淇淋和酪梨、柠檬汁用果汁机打散。
2. 将剩下的香草冰淇淋装入杯中，淋入酪梨汁和特制柠檬汁，再撒上豆蔻粉，以柠檬皮丝和柳橙装饰即可。

◆ 酪梨要选购软的，若太生，可放入米缸中1～2天。

春节 套餐一
The Spring Festival Set Menu 1

◎ 焗奶油明虾生蚝
◎ 猪肋排附美式烤肉酱
◎ 水果巧克力火锅
◎ 蘑菇莲子卡布奇诺汤

利用年货的食材，配合西式的烹调法，在家也能做出有年味的西式套餐。

西式的年菜一般感觉不出浓厚的年节气氛，所以，在此特别设计了两道围炉菜，一道是含有浓郁番茄味的意式火锅，搭配鲜美的海鲜。另一道则选择以饭后的巧克力火锅配上新鲜水果，既不失团圆围炉的气氛，更增添几分巧思。在食材方面也可有所变化，中式烤鸭可做出爽口不油腻的华尔道夫沙拉，莲子与洋菇也成了浓郁的卡布奇诺汤，加上金橘做成的乳酪，是最应景不过的甜点了！

焗奶油明虾生蚝

Creamed Oyster and Shrimp in Shell

材料

奶油	90克
草虾（40克／只）	8只
生蚝	8个
牛奶	1杯
白酒	90毫升
中筋面粉	45克
红葱头碎	20克
蛋黄	1个
盐、白胡椒	适量
面包粉	80克
乳酪丝	120克
柠檬（切角）	1/2个

调味蔬菜

洋葱块	125克
西芹块	100克
月桂叶	1片

做法

1. 烤箱预热至210℃。
2. 将草虾去头和壳，取出虾线，预留虾头和1/3的虾尾，剩余虾肉切小丁备用，草虾头洗净备用。
3. 生蚝取肉，将壳洗净备用。
4. 将1杯水加入白酒和调味蔬菜，煮至沸腾，转小火煮约3分钟浓缩，加入生蚝烫煮约30秒至五成熟，备用。
5. 将煮液浓缩过滤至约1/2杯。
6. 热锅，放入15克奶油，将红葱头炒香，再加入虾仁丁，炒至上色，淋入少许白酒拌炒，取出虾肉。
7. 用同一炒锅加2汤匙奶油和2汤匙面粉炒成面糊，再加入牛奶、盐、白胡椒和煮液搅拌至无颗粒，浓缩成浓稠状，加入蛋黄和炒香的虾仁丁，即为虾仁奶油焗酱。
8. 将生蚝放入壳中，再放入1/3只草虾和头装饰，淋上虾仁奶油焗酱后，铺上乳酪丝和面包粉。
9. 送入烤箱焗烤10～15分钟至呈金黄色即可。也可附上柠檬角。

猪肋排附美式烤肉酱

Pork Ribs with BBQ Sauce

难易度 ★ ★ │ 时间105分钟

美式烤肉酱 材料

番茄酱	2杯	洋葱粉	5克
白醋	90毫升	大蒜粉	5克
浓缩柳橙汁	3汤匙	辣椒水	适量
糖	90克	熏烟汁	5毫升
白胡椒粉	5克		

美式烤肉酱 做法

1. 将白醋和糖混合煮滚，加入番茄酱和浓缩柳橙汁搅拌均匀。
2. 加入白胡椒粉、大蒜粉、洋葱粉拌均匀，用慢火煮20分钟。
3. 加入适量的辣椒水和熏烟汁调味即可。

猪肋排 材料

猪肋排	400克（4块）
熏烟汁	30毫升

猪肋排 做法

1. 烤箱预热至200℃。
2. 将30毫升熏烟汁以300毫升水稀释成腌渍液，将猪肋排浸泡于腌渍液中约20秒取出。
3. 在烤盘中加入热水，放上浸泡过的肋排，盖上铝箔纸，放入烤箱焖烤约70分钟至熟透。
4. 再与烤肉酱一起焖煮25分钟至入味即可。

水果巧克力火锅

Chocolate Fondue with Fresh Fruit

难易度 ★ │ 时间30分钟

材料

苦甜巧克力	360克
无糖鲜奶油	1杯
樱桃白兰地	30毫升
咖啡粉	1汤匙

水果

猕猴桃	4颗
草莓	8颗
蜜世界香瓜	1/2颗
柳橙（去皮）	4颗

做法

1. 咖啡粉加50毫升热水调成浓缩咖啡。
2. 将巧克力隔水加热至融化，再加入鲜奶油、樱桃白兰地和浓缩咖啡搅拌均匀。
3. 将切块的水果排列整齐上盘。
4. 将巧克力酱放入Fondue锅中，隔水以小火保温，再附上综合水果盘即可。

◆ 保温巧克力的水温勿过高，否则容易油水分离。

◆ 水果种类可依个人喜好而改变，以新鲜水果为佳。

蘑菇莲子卡布奇诺汤

Mushroom and Lotus Seeds Cappuccino Soup

难易度 ★ │ 时间45分钟

材料				
	新鲜洋菇切片	350克	鸡高汤	1 ½升
	洋葱碎	1/2颗	无糖鲜奶油	1/2杯
	生莲子	100克	牛奶	1杯
	白酒	60毫升	盐、白胡椒、百里香	适量
	马铃薯（去皮切丁）	200克		
	奶油	60克		

做法

1. 用奶油炒香洋葱，再加入洋菇片炒至软化，预留1/4洋菇装饰用。
2. 加入百里香、生莲子和白酒浓缩1分钟。
3. 加入马铃薯和鸡高汤，煮至沸腾后转小火，再煮约20分钟至马铃薯和莲子熟透，取出降温。
4. 放入果汁机中打成浓稠无颗粒状，加入鲜奶油和预留的洋菇片，搅拌均匀，用盐、胡椒调味。
5. 将牛奶置于锅中用慢火煮，再用打蛋器将牛奶打成牛奶泡沫。
6. 汤杯中倒入约3/4杯的蘑菇汤，再加上牛奶泡沫和少许洋菇片装饰即可。

春节 套餐二
The Spring Festival Set Menu 2

◎ 烤鸭香梨华尔道夫沙拉
◎ 青酱
◎ 意式番茄海鲜锅
◎ 无骨牛小排附蘑菇白兰地酱
◎ 金橘乳酪

主菜很丰富，有大红喜气的美式烤猪肋排、香醇的白兰地牛小排和美味的焗明虾生蚝。

希望这两套搭配组合的菜单，让你在准备年菜宴客时，也能换换新口味，更添喜气。

烤鸭香梨华尔道夫沙拉

Pear Waldorf Salad with Roasted Duck

难易度 ★ │ 时间40分钟

材料

烤鸭（去骨切片）	1/2只
红鸭梨	1个
苹果	1个
西芹	2根
盐、胡椒	适量
豌豆苗	150克
香芹	5克
核桃（烤香）	40克
蔓越莓干	40克
蛋黄酱	90克
杏桃干（切丁）	50克
酸奶油	75克
柠檬汁	20毫升

做法

1. 将西芹切斜片备用；苹果和红鸭梨去皮切片，泡盐水备用。
2. 调味蛋黄酱：蛋黄酱、酸奶油和柠檬汁一起搅拌均匀。
3. 取1/2的鸭肉加入红鸭梨、苹果、西芹、蔓越莓干和香芹碎，再加入调味蛋黄酱搅拌均匀，以适量的盐、胡椒调味。
4. 取豌豆苗垫底，摆上沙拉，用1/2的鸭肉片围边，再加少许的蔓越莓干、杏桃干和核桃装饰即可。

青酱

Pesto Sauce

难易度 ★ │ 时间15分钟

材料

罗勒	50克
大蒜	20克
松子	15克
橄榄油	1杯
帕玛森乳酪粉	45克
盐、胡椒	适量

做法

将所有材料放入果汁机中打成泥状，再以盐、胡椒调味即可。

◆ 做好的青酱可以冷藏保存48小时或冷冻保存。

◆ 也可拌意大利面、沙拉或海鲜，为意大利菜不可或缺的酱汁。

意式番茄海鲜锅

Italian Tomato Seafood Fondue

难易度 ★ ★ │ 时间50分钟

材料

鲈鱼	1条	橄榄油	60毫升
草虾	6只	大蒜碎	15克
大蛤	6个	洋葱碎	150克
生干贝	6个	白酒	1/2杯
西蓝花	1/2棵	去皮番茄罐头	2杯
玉米笋	6根	红辣椒，去籽切碎	1根
洋菇	6个	香芹	1根
小番茄	6个	盐、胡椒	适量

做法

1. 鲈鱼去骨去皮、切片，留鱼头和鱼骨备用。
2. 草虾去头去壳备用；大蛤吐沙备用；生干贝洗净备用。
3. 西蓝花切小花，玉米笋、洋菇和番茄对切。
4. 以橄榄油炒香大蒜头和洋葱，再加入虾头，炒上色后加白酒浓缩1分钟，再加入去皮番茄罐头和红辣椒。
5. 加入2升的水和鱼头煮至沸腾，转小火，加入香芹梗煮30分钟倒出、过滤，再以盐和胡椒调味即为番茄海鲜锅汤底。
6. 排上海鲜盘、蔬菜盘和番茄海鲜锅，另附青酱为蘸酱。

无骨牛小排附蘑菇白兰地酱

Slices Boneless Beef Short Ribs with Mushroom Brandy Sauce

难易度　★ ★ ｜ 时间90分钟

材料

去骨牛小排	6片
奶油	30克
面粉	15克
牛高汤	1/2杯
白兰地	2汤匙
蘑菇	150克
糖	45克
红酒醋	30毫升
盐、胡椒	适量

洋葱腌料

红酒	3/4杯
洋葱丝	1/2个
红葱头碎	30克
月桂叶	1片
香芹	1根
盐、黑胡椒碎	适量

做法

1. 将洋葱腌料搅拌均匀，腌渍约1小时。
2. 将醋渍洋葱煮沸腾，加入糖和红酒醋，浓缩收汁为酒渍洋葱。
3. 拌炒蘑菇至上色，用盐、胡椒调味备用。
4. 用1汤匙的奶油将面粉炒香，加入牛高汤搅拌至无颗粒，加入蘑菇片浓缩至浓稠状后再加入白兰地、盐和胡椒调味。
5. 将牛小排用盐、胡椒调味，并用少许奶油煎至上色，至五成熟。
6. 上盘时附上酒渍洋葱和蘑菇白兰地酱即可。

金橘乳酪

Kumquat Panna Cotta

金橘馅　材料

金橘切片	6个
柳橙原汁	300毫升
糖	125克
肉桂粉	3克
新鲜柠檬汁	5克

金橘馅　做法

将所有材料放入锅中慢煮约15分钟至金橘软化，再浓缩至浓稠状。

乳酪　材料

牛奶	1/2杯
糖	45克
吉利丁片	2片
（泡冰水过滤备用）	
白巧克力（隔水加热融化）	30克
原味酸奶	1杯
无糖鲜奶油	1/2杯

乳酪　做法

1. 用小火将糖溶入牛奶中，加入吉利丁片至完全溶化离火，再加入融化的白巧克力、原味酸奶和无糖鲜奶油搅拌均匀。
2. 将金橘馅放入香槟杯底，再加入乳酪。
3. 放入冰箱以5℃冷藏约1小时至凝固，再用金橘和薄荷叶装饰即可。

工作日 早餐
Breakfast Set Menu

◎ 法国吐司
◎ 活力萝卜汁与热巧克力咖啡拿铁
◎ 水果燕麦片
◎ 火腿乳酪综合蛋卷
◎ 酸奶马铃薯沙拉鲈鱼排

奥黛丽·赫本（Audrey Hepburn），脸贴着蒂芙尼（Tiffany）这个位于纽约第五街大道上、首屈一指的名贵珠宝店橱窗，一边吃着牛角面包、喝着热咖啡，一边以艳羡的眼光望着蒂芙尼中的一切，在蒂芙尼早餐（Breakfast at Tiffany）的场景中，是那么的雍容华贵。

但忙碌的现代人似乎都忽略了一天中最重要的第一餐，它是活力的源泉，每天只需花费少许的时间，即可做出简单又丰盛营养的早餐。

法国吐司
French Toast

难易度 ★ | 时间20分钟

材料					
	法国吐司	1/2条	A	牛奶	2杯
	奶油	100克		蛋	2个
	糖粉	30克		糖	10克
	草莓	适量		肉桂粉、香草精、盐	适量

做法

1. 材料A搅拌均匀备用。
2. 将法国吐司切片蘸上材料A，以奶油煎成金黄色，撒上糖粉，再以草莓装饰即可。食用时可附上枫糖酱。

活力萝卜汁与热巧克力咖啡拿铁

Carrot Revitalizer and Hot Chocolat Coffee Latte

难易度 ★ │ 时间15分钟

萝卜汁 材料	胡萝卜	2条
	苹果	1个
	柳橙	4个
	西芹	适量

巧克力拿铁 材料	热咖啡	4杯
	巧克力糖酱	60克
	巧克力咖啡豆	少许
	鲜奶油（打发）	200毫升

萝卜汁做法

1. 将胡萝卜洗净，去皮，切条；苹果和柳橙去皮切块。
2. 将胡萝卜、苹果和柳橙用榨汁器榨成果汁，倒入杯中再用西芹装饰即可。

巧克力拿铁做法

1. 将2茶匙巧克力酱溶入200毫升的热咖啡中，搅拌均匀。
2. 挤上打发鲜奶油，再用巧克力糖酱和巧克力咖啡豆装饰即可。

水果燕麦片

Bircher Muesli

难易度 ★ │ 时间25分钟

材料

新鲜草莓	6个
猕猴桃	1个

A	牛奶	2杯
	大燕麦片	200克
	葡萄干	30克
	杏仁片	40克
	核桃	40克
B	无糖鲜奶油（打发）	1/2杯
	蜂蜜	20毫升
	红苹果	1个

做法

1. 先将杏仁片、核桃烤香，核桃切碎。材料A混合均匀，盖上保鲜膜，放入冰箱冷藏至少12小时。

2. 苹果去皮切丝；草莓和猕猴桃切丁备用。

3. 将浸泡的材料A拌入材料B搅拌均匀，再用草莓和猕猴桃装饰即可。

火腿乳酪综合蛋卷

Ham and Cheese Omelet

难易度 ★ ★ │ 时间20分钟

材料	蛋	12个	色拉油	120毫升
	新鲜蘑菇	4朵	洋葱碎	20克
	火腿片	4片	小番茄	8个
	乳酪片（切丝）	4片	盐、胡椒	适量

做法

1. 将蛋打散后过滤；火腿切丝；蘑菇切片；洋葱切碎备用。
2. 将所有材料除乳酪外炒香，加入蛋液拌炒至五成熟呈半凝固蛋饼状（3个蛋可做1份），再加入乳酪丝，卷起成半月形，煎至两面金黄，待乳酪融化后加小番茄装饰即可。

酸奶马铃薯沙拉鲈鱼排

Yogurt Potato Salad with Pan fried Sea bass

难易度 ★ ★ │ 时间45分钟

材料

无糖酸奶	250克
水煮马铃薯	400克
红葱头(炒香)	50克
柠檬汁	10毫升
香芹(切碎)	10克
青葱(葱花)	10克
菠菜叶(烫煮，切丝)	300克
大蒜	1头
橄榄油	50毫升
鲈鱼（320克/片）	4片
面粉	10克
盐、胡椒	适量

配菜

烤甜椒	
红甜椒	150克
黄甜椒	150克

※干烤后切丝，用盐、胡椒调味

做法

1. 将热马铃薯压成泥，依序拌入无糖酸奶、炒香红葱头、柠檬汁、香芹和葱花搅拌均匀，并用盐、胡椒调味。
2. 再拌入150克菠菜丝。
3. 将另一半菠菜与大蒜加入30毫升橄榄油打成酱汁并用盐、胡椒调味。
4. 将鲈鱼片对切成8片，并用盐、胡椒调味，拍上面粉煎成两面呈金黄色至熟。
5. 装饰：酱汁（步骤3）与酸奶马铃薯沙拉做基底，上方放鲈鱼排、烤甜椒丝即可。

假日 早餐
Brunch Set Menu

◎ 美式松饼附枫糖酱
◎ 面包甜玉米巧达汤
◎ 焗奶油菠菜烘蛋
◎ 香煎早餐肠、培根和火腿
◎ 枫香奶昔

　　一般早餐分为两类：欧陆式早餐"Continental Breakfast"，只包括各类的面包和饮料，较为简单；另一为美式早餐"America Breakfast"，其内容丰盛，增加了各类的热菜、麦片、蛋类等，多样的选择是目前大众较喜欢的类型。假日总是偷闲多睡点，演变成早餐和午餐结合的"Brunch"早午餐，更成为现代人放松自己的另一种享受。

美式松饼附枫糖酱

Pancake with Maple Syrup

难易度 ★ ┃ 时间15分钟

材料

奶油	适量
A 高筋面粉	200克
糖	100克
泡打粉	10克
盐	2克
B 牛奶	250毫升
色拉油	30毫升
蛋黄	2个
蛋白（打发）	2个

做法

1. 将材料A搅拌均匀，加入材料B用打蛋器搅拌至无颗粒状，做成松饼面糊。
2. 取一平底锅转中小火，涂上一层薄奶油后，加入1汤匙松饼面糊煎至两面呈金黄色即为松饼。
3. 食用时可附上枫糖酱，以新鲜水果装饰。

面包甜玉米巧达汤

难易度 ★ | 时间40分钟

Sweet Corn Chowder in French White Bread

材料

白玉米	1根	百里香	5克
黄玉米	2根	无糖鲜奶油	1杯
奶油	60克	盐、胡椒	适量
洋葱碎	120克	虾夷葱或青葱	30克
西芹（切碎）	2根	中型法国圆面包（于顶部	
马铃薯丁	500克	1/4处平切为汤盖，面包挖	
鸡高汤	500毫升	空为汤碗）	4个
水	250毫升		

做法

1. 取白、黄玉米粒备用，预留1/2杯装饰用。
2. 用奶油将西芹、洋葱和玉米粒炒香，再加入马铃薯、鸡高汤、玉米梗和水，煮至沸腾，加入百里香，以小火焖煮20分钟后，将玉米梗取出。
3. 将步骤2放入果汁机打碎至无颗粒，加入无糖鲜奶油和装饰玉米粒，再煮至沸腾，放入少许盐、胡椒调味。
4. 将面包放入180℃烤箱烤约1分钟。
5. 将汤装入面包碗中，用虾夷葱装饰，盖上面包盖即可。

焗奶油菠菜烘蛋

难易度 ★ ★ ｜ 时间40分钟

Baked Egg with Creamy Spinach

材料

菠菜	1.2千克
蛋	4个
乳酪丝	80克

A	牛奶	2杯
	中筋面粉	45克
	奶油	45克
	奶油奶酪	100克
	盐、胡椒	适量

做法

1. 烤箱预热至180℃；将菠菜洗净切段，烫煮后冲冷水备用。

2. 将材料A的面粉和奶油炒成面糊后，加入2杯牛奶搅拌均匀至无颗粒，煮开后再拌入奶油奶酪至融化，加入盐、胡椒调味后即为奶油酱。

3. 将菠菜拌入奶油酱中，倒入焗盘内，加入蛋和乳酪丝，放入烤箱烤15分钟至呈金黄色即可。

香煎早餐肠、培根和火腿

Fried Breakfast Sausage, Bacon and Roll Ham

难易度 ★ | 时间15分钟

材料

培根	8片
早餐香肠	8根
火腿片	8片
奶油	30克

做法

1. 将培根和火腿片煎至两面呈金黄色即可。
2. 将早餐香肠放入热水中烫煮1分钟，再以奶油煎上色即可。

枫香奶昔
Maple Leaf Frappe

材料

枫糖酱	120毫升
冰块	16块
香草冰淇淋	4个（约120克）
牛奶	2杯
红樱桃	4个

做法

1. 将枫糖酱、冰块和香草冰淇淋打成泥状。
2. 加入牛奶，搅拌均匀。
3. 淋上少许枫糖酱和红樱桃装饰即可。

下午茶
Afternoon Tea Menu

◎ 鲔鱼酪梨沙拉
◎ 乳酪鸡肉派
◎ 英式司康饼
◎ 火腿蒜苗塔
◎ 苹果玛芬蛋糕

在英国人的生活中，下午茶不但具有社交意义，也为生活增添情趣。此菜单有英式口味的火腿蒜苗塔和司康饼，还有美式口味的乳酪鸡肉派、鲔鱼酪梨沙拉和马芬蛋糕，是您下午茶休闲的最佳餐点！

材料

A	洋菇（切片）	100克
	柠檬汁	30毫升
	盐	1克
	黑胡椒	1克
	酪梨（切1/4后切片）	200克
B	橄榄油	15毫升
	红酒醋	15毫升
	鳀鱼	5克
	大蒜（切碎）	3克
C	新鲜鲔鱼（切长条状）	300克
	盐	3克
	黑胡椒碎	6克
	花椒（切碎）	2克
	白芝麻（烤过）	1克
D	番茄（切角1/8）	200克
	红洋葱（切片）	120克
	黄甜椒（切片）	100克
	柠檬（去皮切薄片）	1/2个
	黑橄榄	4个
E	香芹（切碎）	3克
	水煮蛋（切角1/6）	1个
	绿卷须生菜	30克

鲔鱼酪梨沙拉

Tuna and Avocado Salad

难易度 ★ ★ ｜ 时间45分钟

做法

1. 将洋菇拌入柠檬汁，并用盐和黑胡椒调味，充分搅拌均匀后加入酪梨片后搅拌均匀，腌制5分钟备用；将鳀鱼捣碎拌入大蒜碎、橄榄油和红酒醋，并用打蛋器搅拌均匀为酱汁备用。

2. 盐、黑胡椒碎、花椒碎和白芝麻搅拌均匀，并将鲔鱼蘸上调味料，干煎至4个面上色，切成0.5厘米厚片。

3. 最后将材料A~D搅拌均匀上盘后，再用水煮蛋装饰，并撒上香芹碎和绿卷须菜。

乳酪鸡肉派
Chicken Pot Pie

难易度 ★ ★ │ 时间50分钟

材料

鸡胸（切1.5厘米小丁）	150克		蛋液（1个蛋黄加	
洋葱末	30克		1汤匙水打散备用）	适量
冷冻三色蔬菜丁	60克			
鸡高汤	200毫升	A	面粉	30克
牛奶	100毫升		奶油	30克
咸派皮	300克	B	乳酪丝	20克
塔模	4个（3寸）		帕玛森乳酪粉	5克

做法

1. 烤箱预热至190℃，鸡胸肉烫熟，洋葱、三色蔬菜丁炒香备用。
2. 将材料A用中小火炒成面糊，加入高汤与牛奶搅拌至无颗粒奶油状，再加入鸡肉丁和蔬菜丁，待凉后再拌入材料B备用。
3. 将咸派皮擀成8张5寸0.3厘米厚的圆形派皮。
4. 将派皮放入塔模中，填入馅料八分满，在派皮四周刷上蛋液，再盖上另一张派皮，将上下两张派皮的边缘捏紧表面再刷上蛋液，用叉子在表面刺洞，送入烤箱烤25分钟至呈金黄色即可。

※派皮刺洞可使馅料在烘烤时将空气排出，也可将鸡肉更换成综合海鲜，做成海鲜派

英式司康饼

Scottish Scones

难易度 ★ | 时间40分钟

材料

草莓果酱		30克
A	低筋面粉	140克
	奶油	30克
	泡打粉	1茶匙
B	朗姆酒	30毫升
	葡萄干	20克
C	牛奶	1/4杯
	糖	30克
	蛋	1个
	盐	1/2茶匙

做法

1. 烤箱预热至225℃，将材料B浸泡30分钟以上，沥干备用。
2. 将材料A用手搅至奶油溶入面粉成颗粒状。
3. 将材料C打散，拌入步骤2中揉5分钟至表面光滑不黏手。
4. 将面团擀成2厘米厚，加入腌渍葡萄干，再将面团对折成约4厘米厚度。
5. 用2寸圆形模具将面团扣成数个圆形，盖湿布醒约15分钟，刷上蛋液，送入烤箱烤约15分钟至呈金黄色即可，食用时可附上草莓果酱。

火腿蒜苗塔

Ham and Leek Quiche

咸派皮 材料（约450克）

冰水		80毫升
A	高筋面粉	175克
	低筋面粉	75克
	奶油	125克
	盐	5克

材料

咸派皮		150克
乳酪丝		50克
红豆		适量
奶油		20克
盐、胡椒		适量
派盘		4个（3寸）
A	火腿	50克
	培根	40克
	青蒜	1根
	洋葱（切碎）	1/4个
	洋菇（切片）	2~3个
B	蛋	1个
	牛奶	1/4杯
	无糖鲜奶油	30毫升
	盐、胡椒、豆蔻粉	适量

咸派皮 做法

将材料A混合均匀，用手抓奶油与面粉，使面粉呈米粒状，再加入冰水搅拌均匀成面团，放入冰箱冷藏备用。

做法

1. 烤箱预热至165℃，派盘涂上一层薄薄的奶油。
2. 将派皮擀成0.4厘米厚度的面饼，放入派盘中，铺上红豆，放入烤箱以165℃烤约12分钟至熟，取出后去除红豆，即成派皮。
3. 将材料B搅拌均匀，过滤备用。
4. 锅热后加入奶油，用中小火将培根炒香，再加入其他材料A拌炒约2分钟至上色，以盐、胡椒调味，即成内馅。
5. 将内馅放入派皮中加入乳酪丝，倒入蛋液约八分满，入烤箱以175℃烤约20分钟至金黄色即可。

※ 加红豆是为了防止在烘烤派皮时派皮膨胀

苹果玛芬蛋糕

难易度 ★ | 时间40分钟

Apple Muffin

材料					
	苹果	1个		蛋	1个
	核桃	70克		香草精	1茶匙
			B	中筋面粉	185克
A	糖	100克		泡打粉	5克
	菜籽油	90毫升		盐	1/2茶匙
	鲜奶	1/4杯			

做法

1. 烤箱预热至180℃。
2. 苹果去皮切小丁，核桃烤上色切丁备用。
3. 将材料B混合均匀，材料A打散，拌入材料B搅拌均匀后再加入苹果和核桃。
4. 将玛芬面糊装入玛芬纸杯中，烤约25分钟呈金黄色即可。

休闲 风味餐
Great DVD Set Menu

◎ 蛤蜊巧达汤
◎ 乳酪烤淡菜
◎ 海鲜披萨
◎ 鲜虾酪梨三明治
◎ 香酥鸡肉条与炸乳酪条附塔塔酱
◎ 香蕉奶昔

你是否曾邀约三五好友到家中，挑支优质的DVD影片一起观赏？不用再为了要吃些什么而烦心了，告别泡面、爆米花、玉米片等零食的日子吧！

这是一套简易且适合看片子的菜单，一起与好友分享这套有料的DVD大餐吧！

蛤蜊巧达汤

Clam Chowder

难易度 ★★ | 时间80分钟

材料

蛤蛎	350克
西芹	1根
洋葱	1/2个
马铃薯	1个
香芹（切碎）	15克
奶油	60克
无糖鲜奶油	180毫升
牛奶	500毫升
茴香酒或白酒	30毫升
盐、胡椒	适量
A 奶油	50克
面粉	50克
B 百里香	1/2茶匙
月桂叶	1片
盐、胡椒	适量
C 虾仁	60克
墨鱼	60克

做法

1. 蛤蜊用盐水吐沙约1小时后洗净；洋葱、西芹切小丁；马铃薯去皮切丁泡水备用。
2. 煮6杯水将蛤蜊烫至开口，取肉，汤汁浓缩成4杯，过滤备用。
3. 以奶油炒洋葱、西芹至软化；马铃薯用水煮8分钟至熟备用；将材料C切丁烫煮备用。
4. 将材料A炒成淡黄色面糊，慢慢加入蛤蜊汤和牛奶，搅拌均匀至无颗粒，再依次加入洋葱、西芹、马铃薯、材料B和材料C煮15分钟。
5. 加入鲜奶油调整浓稠度，再加入茴香酒（或白酒）、盐、胡椒调味即可。
6. 最后以香芹叶装饰。

乳酪烤淡菜

难易度 ★ | 时间25分钟

Cheesy Grilled Mussels

材料

水	500毫升	柠檬皮碎	5克
淡菜	12个	帕玛森乳酪粉	30克
大蒜碎	2头	面包粉	1杯
香菜碎	1汤匙	融化奶油	60克
辣椒（去籽切碎）	1个	盐、胡椒	适量
柠檬（切角）	1个		

做法

1. 烤箱预热至180℃。
2. 将淡菜用滚水烫煮约3分钟后，过滤，取出淡菜肉，清洗淡菜壳，再将淡菜肉放入淡菜壳中。
3. 香料面包粉：将大蒜、香菜、辣椒、柠檬皮、乳酪粉和面包粉搅拌均匀，再加入融化奶油，适量的盐、胡椒调味。
4. 将香料面包粉盖在淡菜上，送入烤箱烤5分钟至香料面包粉呈金黄色即可。
5. 附上柠檬角装饰。

海鲜披萨

难易度 ★★ | 时间60分钟

Seafood Pizza

材料	皮	中筋面粉	210克		洋菇	3个
		温水	125毫升		洋葱	1/4个
		新鲜酵母	15克		罗勒	5片
		橄榄油	20克	酱汁	去皮番茄碎	1/2杯
		盐	适量		洋葱碎	30克
	馅	披萨乳酪丝	100克		牛至	1/2茶匙
		蛤蜊（煮熟取肉）	100克		盐、胡椒	适量
		虾仁	150克			
		墨鱼（切圈，煮熟备用）120克				

做法

1. 披萨酱汁：将洋葱炒香，加入去皮番茄、牛至和适量盐、胡椒调味；烤箱预热至200℃。
2. 将酵母、盐、水混匀后再加面粉和橄榄油揉至不粘手，醒面30分钟，分成2个面团，盖上湿布，醒面20分钟。
3. 将面团揉成圆形，用叉子刺洞，放入烤箱以210℃烤8分钟至呈淡黄色，取出备用。
4. 涂上披萨酱汁，加上综合海鲜、洋菇、洋葱、罗勒和乳酪丝，入烤箱以200℃烤约12分钟至金黄色即可。

鲜虾酪梨三明治

难易度 ★★ | 时间20分钟

Grass Shrimp and Avocado Sandwich

材料				
全麦吐司	6片	酪梨（去籽切片）	100克（1/2个）
草虾（320克）	16个	生菜叶	60克（8片）
番茄（切片）	1个	酸黄瓜（切片）	40克
乳酪片	4片		

酱料				
蛋黄酱	10克	柠檬汁	5克
番茄酱	30克	大蒜碎	5克
黄芥末酱	5克		

烫虾高汤				
洋葱（切块）	1/2个	月桂叶	1片
胡萝卜（切块）	1/2根	白醋	1茶匙
西芹（切块）	1根	水	1升

做法

1. 草虾洗净，用牙签从虾2~3节中插入，去除肠泥；准备烫虾高汤材料，煮开后转小火煮25分钟过滤备用。
2. 将草虾放入烫虾高汤中烫约90秒，泡入冰水中冰镇，去虾壳备用。
3. 将酱料搅拌均匀。
4. 吐司烤上色（分为两份）涂上酱料；分别夹上生菜、乳酪片、酪梨、酸黄瓜、草虾为一层；生菜、乳酪片、番茄、酪梨、草虾为另外一层，对切成4个三角形即可。

香酥鸡肉条与炸乳酪条附塔塔酱

Chicken Fingers and Cheese Sticks with Tartar Sauce

难易度 ★ │ 时间45分钟

塔塔酱 材料	蛋黄酱	1杯	香芹碎	1汤匙
	法式芥末	2茶匙	柠檬汁	1汤匙
	碎酸黄瓜	3汤匙	盐、胡椒	适量
	煮蛋碎	1个	酸豆碎	10颗
	洋葱碎	1汤匙		

塔塔酱 做法	将蛋黄酱与所有的材料混合均匀即可。

材料	柠檬角	1/2个
A	鸡胸肉切条1.5厘米×1.5厘米×8厘米	2片
	匈牙利红椒粉	2茶匙
	盐、胡椒	适量
	柠檬（榨汁）	1/2颗
B	巧达乳酪，切条0.8厘米×0.8厘米×8厘米	120克
C	面粉	200克
	蛋（打散）	2颗
	面包粉	200克

做法

1. 将材料A腌制15分钟备用。
2. 将鸡肉条及巧达乳酪依面粉、蛋液、面包粉的顺序蘸裹。
3. 将油倒入锅中，待锅中油温升至180℃，分别放入炸鸡肉条及巧达乳酪，炸至呈金黄色即可。
4. 附上柠檬角及塔塔酱。

香蕉奶昔

难易度 ★ | 时间15分钟

Banana Ice Cream Shake

材料	A	菠萝汁	1杯		牛奶	1杯
		椰奶	1杯		冰块	适量
		香蕉	2根	B	猕猴桃	1颗
		香草冰淇淋			香蕉	1根
		（1球约30克）	4球			

做法
1. 将材料A用果汁机打均匀。
2. 用猕猴桃和香蕉装饰即可。

三明治 套餐
Sandwich Set Menu

◎ 奶油白花菜汤
◎ 鲔鱼潜水艇三明治
◎ 总汇三明治
◎ 蛋沙拉三明治
◎ 夏日水果沙拉三明治

　　大多数人都认为三明治只是一种简单、可果腹的点心；其实，只要运用巧思及各类食材，它也可以呈现出多种不同的风貌。三明治（Sandwich）始于英国，因贵族们热衷于玩牌，又怕耽误正餐，所以将喜欢的烤肉夹在面包中，边吃边玩。而后传至法国，盛行于美国。因材料丰富、做法简单、变化多样，且又方便携带，给忙碌的现代人莫大的便利，所以一直流传至今，广受大众的欢迎。

　　这套套餐中包含了热三明治——总汇三明治、冷夹心三明治——蛋沙拉三明治、以法国面包做成的鲔鱼潜水艇三明治及甜点——夏日水果沙拉三明治，再搭配奶油花菜浓汤。现在，就一起来享受三明治套餐吧！

奶油白花菜汤
Cream of Cauliflower Soup

难易度 ★ ★ | 时间60分钟

材料				
	奶油	150克	鸡高汤	1¹/₂升
	中筋面粉	120克	菜花（约600克）	1颗
	洋葱	120克	盐、胡椒	适量
	青蒜	60克	无糖鲜奶油	1杯
	西芹	60克		

香料包				
	月桂叶	1片	百里香叶	1枝
	白胡椒粒	5颗		

做法

1. 菜花预留1杯的量（花的部分）烫煮，过冷水备用，将其余的菜花切碎。
2. 用中小火以奶油炒香洋葱、青蒜、西芹和菜花碎至软，再加入中筋面粉拌炒约3分钟。
3. 加鸡高汤，搅拌至无面粉颗粒，再加入香料包以小火煮45分钟。
4. 过滤汤渣，再加入鲜奶油及装饰的菜花煮沸，以盐、胡椒调味即可。

鲔鱼潜水艇三明治

Tuna Submarine

材料

法国面包		1条
蛋黄酱		30克
A	鲔鱼罐	1罐
	洋葱	1/2个
	黑橄榄	6颗
	小黄瓜	1根
	红椒	1/2个
	青椒	1/2个
	蛋黄酱	2汤匙
B	美生菜	1/4个
	番茄（切片）	2个
	法式芥末酱	15克
	乳酪片	4片

做法

1. 洋葱、2颗黑橄榄、红椒和青椒均切片或丝；鲔鱼沥干油渍；美生菜洗净滤干；小黄瓜切片。
2. 将材料 A 搅拌均匀为鲔鱼沙拉，蛋黄酱勿加太多，否则容易出水。
3. 在法国面包2/3处横切开，涂上蛋黄酱，加入生菜、番茄片、乳酪片和鲔鱼沙拉，再以其余黑橄榄和芥末酱装饰即可。

总汇三明治

Club Sandwich

难易度 ★ | 时间20分钟

材料				
吐司片	6片	蛋	2个
培根	4片	水煮鸡胸肉	1片
番茄片	4片	冷冻薯条	200克
乳酪片	2片	蛋黄酱	2汤匙
豌豆苗	40克	黄瓜（切片）	1根
美生菜	20克	盐、胡椒	适量

做法

1. 将培根煎上色；蛋打散入锅中煎成蛋皮备用。
2. 用190℃油温炸薯条至呈金黄色，以适量盐、胡椒调味。
3. 将吐司烤上色涂上蛋黄酱，分别夹入培根、鸡胸肉、蛋为一层；番茄、乳酪片、美生菜、小黄瓜、豌豆苗为另一层；对角切成三角形，最后再搭配薯条即可。

蛋沙拉三明治

Egg Salad Sandwich

难易度 ★ | 时间15分钟

材料	水煮蛋	3个	**A**	蛋黄酱	2汤匙
	全麦吐司	2片		薄荷叶（切碎）	5片
	白吐司	2片		罗勒（切碎）	2片

做法

1. 将蛋切碎，加入材料A搅拌均匀。
2. 将蛋沙拉夹入吐司内，再以刀切去吐司边后切成长方形即可。

◆ 三明治制作注意事项：

1. 选择的面包可有所变化，但面包要新鲜松软。
2. 薄荷叶应洗净且沥干。
3. 主材料、配料的大小、刀工须一致。
4. 选择新鲜、品质好的食材。

夏日水果沙拉三明治

难易度 ★ | 时间20分钟

Summer Fruit Salad Sandwich

材料						
	A	香蕉	2根		猕猴桃（切丁）	2个
		酸奶	125毫升		蜜世界香瓜（切丁）	1/4个
		柠檬汁	20毫升	C	萝蔓生菜	1/2个
	B	火龙果（切丁）	1个		全麦面包	切片
		草莓（切丁）	8颗			

做法

1. 香蕉酸奶酱：将材料A放入果汁机打成泥状。
2. 将香蕉酸奶酱拌入综合水果材料B中搅拌均匀。
3. 将萝蔓生菜和水果沙拉夹入2片全麦面包中即可。

家庭 宴会餐
Menu For Family Party

◎ 芒果水果汁
◎ 综合蘑菇沙拉
◎ 匈牙利牛肉汤
◎ 焗海鲜饭
◎ 意大利肉酱面
◎ 咖啡慕斯

　　这是一套属于全家聚会时开怀畅饮的美味套餐，在用餐时，不仅可衬托家庭团聚热闹的气氛与家庭成员间彼此的关怀，更可凝聚每个人的向心力。

　　这套套餐主要是以自助餐的形式呈现，想象将自助餐移到自家的餐桌上，有好吃的蘑菇沙拉、味道浓郁鲜美的匈牙利牛肉汤、香味四溢的焗海鲜饭、意大利肉酱面及超爽的饭后甜点咖啡慕斯，都是一大碗或一大盘的分量，可随自己的喜好盛取，轻松自在无负担，再搭配酸酸甜甜的芒果水果汁，好不快活！

芒果水果汁

难易度 ★ | 时间15分钟

Mango Fruit Cooler

材料

柳橙片	4片
薄荷叶、柠檬皮	适量
A 红莓汁	1杯
冰块	20块
柳橙原汁	3杯
芒果（切丁）	2个
※预留1杯装饰用	
蜂蜜	3汤匙

做法

1. 将材料A用果汁机打匀，倒入果汁杯中。
2. 加上芒果丁，用柳橙片、薄荷叶、柠檬皮装饰即可。

综合蘑菇沙拉

Mixed Mushroom Salad

材料

橄榄油	30克	大蒜	2头
白酒	30毫升	红辣椒	1根
蘑菇	200克	绿辣椒	1根
鲜香菇	150克	罗勒	20克
鲍鱼菇	150克		

酱汁

橄榄油	45克
白酒醋	30毫升
蜂蜜	30克
芥末酱	30克
盐、黑胡椒	适量

做法

1. 将蘑菇、鲜香菇和鲍鱼菇去梗，切块；红、绿辣椒切段；大蒜拍裂。
2. 用橄榄油将三种菇类炒香，再加入辣椒和大蒜拌炒1分钟，加入白酒缩干，移火，待冷备用。
3. 将酱汁的材料搅拌均匀呈浓稠状。
4. 再将酱汁拌入蘑菇中，撒上罗勒叶即可。

匈牙利牛肉汤

Beef Goulash Soup

难易度 ★★ | 时间50分钟

材料

洋葱	1/2个
番茄（去皮去籽）	2个
青椒	1/2个
奶油	30克
柠檬皮碎	5克
大蒜末	5克
辣椒粉	3克
牛里脊肉	250克
马铃薯	1个
牛高汤	1.5升
匈牙利红椒粉	15克
番茄糊	30克
小茴香粉	3克
月桂叶	1片
盐、胡椒	适量

做法

1. 番茄、洋葱、马铃薯、青椒、牛肉分别切成小丁；青椒烫煮后冲冷水备用。
2. 用好油将洋葱炒至呈淡黄色，加入蒜末、柠檬皮碎、匈牙利红椒粉和小茴香粉，再加入牛肉炒至上色。放入番茄糊炒至暗红色后，加入月桂叶和辣椒粉。
3. 加入牛高汤，以大火煮至沸腾后，加入马铃薯丁和番茄丁，加盖以小火焖煮30分钟至牛肉和马铃薯熟透，最后加入盐、胡椒调味，以青椒丁装饰即可。

焗海鲜饭

Gratin Seafood Rice

难易度 ★ ★ | 时间40分钟

材料

红鲷鱼片（切丁）	150克
墨鱼肉（切丁）	150克
草虾仁	150克
生干贝	150克
乳酪丝	150克
米饭	400克
无糖鲜奶油	1/2杯
白酒	1/4杯
新鲜洋菇（对切）	50克
奶油	60克
面粉	60克
牛奶	1杯
洋葱（切碎）	1/2个
盐、胡椒	适量

做法

1. 烤箱预热至200℃。
2. 将红鲷鱼、墨鱼、虾仁、生干贝和洋菇依次入锅，烫煮、过滤，将其浓缩成高汤。
3. 用奶油炒香洋葱碎，加入面粉拌成面糊，再加入高汤搅拌至无颗粒状后，依次加入牛奶和白酒搅拌均匀，最后放入海鲜料和鲜奶油煮至沸腾，再用盐、胡椒调味。
4. 在焗锅中加入米饭垫底，再加入奶油海鲜料，撒上乳酪丝，送入烤箱以200℃焗烤约15分钟至呈金黄色即可。

意大利肉酱面

Spaghetti Bolognaise

难易度 ★ | 时间45分钟

材料

牛后腿肉馅	500克	**A**	大蒜	1 1/2个
去皮番茄	500克		匈牙利红椒粉	7克
意大利面条	400克		洋葱	1个
番茄糊	100克		青椒	1/2个
橄榄油	75克		西芹	2棵
鸡高汤	800毫升			

香料

月桂叶	1/2片	红辣椒	1/2支
罗勒	2.5克	乳酪粉	25克
俄立岗	2.5克		

做法

1. 将大蒜、洋葱、红辣椒及罗勒切碎，青椒、西芹、去皮番茄切丁。
2. 热锅热油后，将牛肉馅炒香并加入匈牙利红椒粉，炒至金黄色备用。
3. 将锅烧热，炒香材料A（勿上色），放入牛肉馅拌炒3分钟，加入番茄糊，再拌炒至红褐色，放入去皮番茄及鸡高汤煮沸，最后加入香料，以小火慢煮15~20分钟关火。
4. 将意大利面条在滚水中煮约10分钟，过滤，拌油，再加入肉酱，撒上乳酪粉即可。

咖啡慕斯

难易度 ★ ★ │ 时间90分钟

Home Made Coffee Mousse

材料

	即溶咖啡粉	45克		白砂糖	15克
	明胶	2片		水	30克
	咖啡酒	30克	B	蛋白	2颗
	鲜奶油	2/3杯		白砂糖	30克
				盐	1/4茶匙
A	蛋黄	2颗			

做法

1. 将材料A中的蛋黄、白砂糖及水倒入搅拌盆中，充分混合后隔水加热，将蛋黄迅速搅拌成乳状。
2. 加入即溶咖啡粉混合。
3. 明胶以冷水泡软沥干后，并加入步骤2的材料中，并让它自然冷却，加入咖啡酒搅拌均匀。
4. 将材料B的蛋白打至微发后，分2~3次将白砂糖加进去，继续打至全发。
5. 轻轻地混合蛋白及鲜奶油，倒入咖啡慕斯内，注意不要使气泡塌陷。
6. 将混合好的慕斯装进容器内，整平表面，放进冰箱冷藏1小时至其凝固。
7. 再挤上奶油花，用巧克力咖啡豆作装饰即可。

全素 套餐
Vegetarian Set Menu

◎ 翠玉花菜沙拉
◎ 奶油青豆仁汤
◎ 蔬菜千层面
◎ 英式草莓松饼

　　一般而言，大多数人吃素是为了宗教信仰，也有人是为了身体健康。对西方人来说，所谓素食，是指不吃肉类。而此套套餐是完全不添加葱、姜、蒜等荤辛调味料的全素菜单。
　　蔬菜中含有多种维生素和矿物质，是大家不可缺少的健康食品。希望这个套餐能提高大家对西式素食的烹调兴趣，且带给大家更均衡的饮食，更健康的生活。

翠玉花菜沙拉

难易度　★　│　时间30分钟

Broccoli and Cauliflower Salad

材料		
	西蓝花	250克
	菜花	250克
	杏仁片	80克
	柳橙（去皮，切圆片，预留1/2个压汁）	2个
	柠檬（压汁，预留 3克柠檬片，切碎备用）	1/2个
	橄榄油	200毫升
	盐、胡椒、糖、黑胡椒碎	适量

做法

1. 将西蓝花及菜花切成小朵，烫煮1分钟后过滤冲冷水，备用。
2. 杏仁片放入180℃烤箱烤3~5分钟至呈金黄色，备用。
3. 将柠檬皮、柠檬汁、柳橙汁及橄榄油放入果汁机打散成浓稠酱汁，以盐、胡椒调味，若太酸可加入少许的糖。
4. 再将酱汁淋入西蓝花和菜花中，拌均匀，装盘后再用杏仁片、柳橙片及黑胡椒碎装饰即可。

奶油青豆仁汤

难易度 ★ | 时间45分钟

Cream of Green Pea Soup

材料	青豆仁（预留50g装饰用）	500克	香菜（切碎）	15克
	西芹（切丁）	2棵	橄榄油	30毫升
	素火腿（切丁）	1杯	大蒜（切碎）	2瓣
	香菇高汤	1升	洋葱	50克
	无糖鲜奶油	1/2杯	盐	适量

香料包	月桂叶	1片
	白胡椒粒	5颗

做法

1. 将锅烧热，倒入橄榄油，大火加热待油四成热，加入大蒜碎、洋葱碎，翻炒出香味。加入西芹丁、素火腿丁，改成中小火翻炒2分钟左右。
2. 放入青豆不停翻炒。
3. 待青豆稍微变软时倒入香菇高汤，用大火煮开转中小火，煮至青豆变熟变软。
4. 加入鲜奶油搅匀，待汤汁变少变稠时再加入盐、月桂、白胡椒调味。

蔬菜千层面
Vegetable Lasagna

难易度 ★ ★ | 时间75分钟

番茄酱汁 材料	去皮番茄罐头（切丁）6杯 胡萝卜（切碎）　　1/2杯 西芹（切碎）　　　1棵 橄榄油　　　　　　50毫升 罗勒（切碎）　　　3片 香菇高汤　　　　　2杯 盐、胡椒　　　　　适量 月桂叶　　　　　　1片

番茄酱汁
做法

用橄榄油将胡萝卜及西芹炒香后，加入番茄丁及香菇高汤煮约20分钟，加入罗勒碎、1片月桂叶再煮10分钟，最后用盐、胡椒调味即成番茄酱汁。

材料	千层面皮　　　　　12片 番茄酱汁　　　　　6杯 蘑菇片　　　　　　120克 茄子（切丁）　　　1个 红甜椒（切丁）　　1个 黄甜椒（切丁）　　1个 南瓜（切丁）　　　1杯 莫札瑞拉乳酪片　　120克 乳酪丝　　　　　　250克 橄榄油　　　　　　30克 乳酪粉　　　　　　25克 罗勒丝　　　　　　5片

做法

1. 烤箱预热至180℃。
2. 面皮用热水烫约八成熟，过滤，待冷，拌油。
3. 用橄榄油依次将南瓜、蘑菇、茄子、黄甜椒及红甜椒炒香，再加入番茄酱汁及罗勒，以慢火煮20分钟至南瓜熟透，加盐、胡椒调味。
4. 在焗烤盘涂上一层油，依次铺上面皮、蔬菜酱、乳酪丝（片）重复共3~4次至八成满。
5. 送入烤箱烤约20分钟至呈金黄色即可。

英式草莓松饼
Strawberry Shortcake

难易度 ★ ★ | 时间30分钟

材料

馅料及酱汁

草莓	600克
糖	40克
糖粉	20克
白兰地	5毫升

香草奶油

打发有糖鲜奶油	180毫升
香草精	5克

松饼

奶油	60克
中筋面粉	250克
泡打粉	15克
盐	1/2茶匙
糖	45克
无糖鲜奶油	180毫升

做法

1. 烤箱预热至220℃。
2. 草莓洗净去蒂，取200克草莓，用果汁机打成泥状，再慢慢加入糖粉，搅拌至糖粉溶化，即成酱汁，亦可加入适量白兰地。
3. 另将400克草莓对切，用40克的糖腌渍10分钟备用。
4. 中筋面粉加入泡打粉，加入糖及盐，拌均匀后再加入切小块的奶油，用手抓奶油成小颗粒，再加入3/4杯无糖鲜奶油，混合均匀揉成面团，用擀面棍擀成1厘米厚。
5. 用3寸的圆型模，盖成圆形松饼8~10个，送入烤箱烤12~15分钟至金黄色，即得奶油松饼，取出备用。
6. 将打发的鲜奶油拌入糖及香草精，拌均匀。
7. 将烤过的松饼夹入糖渍草莓及香草鲜奶油，再淋上草莓酱汁即可。

烤肉 餐
BBQ Menu

◎ 蒜味香料干贝草虾串
◎ 墨西哥烤牛排附酪梨酱
◎ 烤蔬菜串
◎ 炭烤原味玉米
◎ 椰香烤菠萝

　　谈到BBQ，不禁让人想起秋高气爽的烤肉季节，其实烤肉餐也可以是有质感的宴客套餐，不论是在室内或户外，只要有个炭烤台，或是家用烤箱，都能让您一年四季烤出香味四溢的美食。

　　此套餐前菜为蒜味香料干贝草虾串，或可依个人喜好更换为淡菜、鲑鱼及花枝等海鲜，食材改变，美味不变；主菜则为墨西哥式的炭烤牛排，加上酸辣浓郁的酪梨酱，再配上烤蔬菜串，为健康均衡一下，还没饱吗？再来一串炭烤原味玉米，绝对让您回味无穷，甜点则是具有朗姆酒香的椰香烤菠萝。

　　啤酒或苏打饮料更是不可缺少的饮料。

蒜味香料干贝草虾串

难易度 ★ ★ | **时间50分钟**

Herb Garlic Scallop and Prawn Skewer

材料		
	草虾（1只约20克，去头及壳）	24只
	生干贝	16个
	香芹碎	2汤匙
	柠檬汁	60毫升
	橄榄油	30毫升
	奶油	60克
	大蒜（切碎）	2个
	盐、胡椒	适量

做法

1. 将草虾及干贝加入香芹、柠檬汁及盐，以胡椒腌渍约30分钟，备用。
2. 小火加热橄榄油，放入大蒜拌炒30秒，移火，再加入奶油块，搅拌至奶油融化。
3. 将腌渍的香料海鲜拌入一半的步骤2得到的香蒜奶油，搅拌均匀。再用竹签依次将3只草虾及2个干贝串成1串，共8串。
4. 放在炭火上烤8~10分钟，刷上腌料奶油烤到两面上色至熟即可。
5. 上盘时，可附另一半的香蒜奶油作为蘸料。

墨西哥烤牛排附酪梨酱

难易度 ★ ★ | **时间75分钟**

Mexican Steak with Avocado Salsa

材料	沙朗牛排（120克）	4片

酪梨酱材料	酪梨（去皮，切1厘米丁）	1个
	柠檬（压汁，2片柠檬皮，切碎）	1个
	红洋葱（切碎）	1/2个
	红辣椒（切碎）	1个
	香菜（切碎）	5克
	盐、胡椒	适量

酪梨酱做法	将酪梨丁拌入腌料，搅拌均匀放入冰箱冷藏备用。

腌料	菜籽油	45克
	红葱头碎	1/2个
	红辣椒（去籽切碎）	1个
	大蒜（切碎）	1个
	香菜（切碎）	5克
	牛至	1/2茶匙
	小茴香粉	1茶匙
	盐、胡椒	适量

做法	1. 将牛排拍平，加入腌料拌均匀，腌渍1小时。
	2. 炭烤牛排两面约5分钟至7成熟。
	3. 附上酪梨酱。

烤蔬菜串

难易度 ★ │ 时间30分钟

Grill Vegetable Kebabs

材料

红甜椒	1/2个	生香菇	4朵
黄甜椒	1/2个	橄榄油	90毫升
青椒	1/2个	大蒜（切碎）	1个
洋葱	1/4个	百里香	1/2茶匙
小番茄	4个	盐、胡椒	适量

做法

1. 将红、黄甜椒和青椒切成2.5厘米大小的丁；1/2个洋葱切成半角形；生香菇去梗备用。
2. 橄榄油拌入大蒜及香料，再用盐、胡椒调味，搅拌均匀，做成香料油。
3. 将所有的蔬菜串成蔬菜串，共4~6串。
4. 以中小火炭烤，烤时刷上香料油调味，炭烤10~15分钟至蔬菜两面上色且熟即可。

炭烤原味玉米

Corn on the-Cob

难易度 ★ | 时间45分钟

材料

甜玉米（带玉米叶）	4根	柠檬汁	5克
软奶油	100克	柠檬皮（切碎）	1片
香芹（切碎）	1汤匙	盐、胡椒	适量
葱（切碎）	1根		

做法

1. 将玉米叶打开，勿弄断，去除玉米须并洗干净，再盖回玉米叶，在玉米顶部用棉绳绑紧。
2. 以100℃沸水烫煮玉米5~7分钟，过滤备用。
3. 将玉米用中火炭烤约20分钟至熟。
4. 香料奶油：将软化奶油打散再拌入香芹碎、葱、柠檬汁、柠檬皮、盐、胡椒调味。
5. 玉米烤熟后，再涂上香料奶油即可。

椰香烤菠萝

Pina Colada Pineapple

难易度 ★ ★ | 时间30分钟

椰香烤菠萝 材料	菠萝	1个	椰子丝或新鲜椰肉	50克
	奶油	50克	朗姆酒	30克
	白糖	30克		

椰香烤菠萝 做法	1. 菠萝洗净，带皮及头分切，成四块角形菠萝，再用小刀取整块的菠萝肉，从约0.5厘米底部划刀，由头至尾，每块角形菠萝肉再切6~7块。
	2. 将奶油融化，将奶油淋在切片的菠萝上，再撒上白糖。
	3. 菠萝头部有叶的部分，用铝箔纸包起来，防止炭烤时烤焦。
	4. 最后将菠萝用大火炭烤约10分钟或入200℃烤箱烤15分钟，至菠萝皮上色，糖溶化。
	5. 移火，取出铝箔纸，淋上朗姆酒，撒上椰子丝即可。

索引 Index